现代飞机

鉴赏指南 （珍藏版）

★第3版★

《深度军事》编委会 编著

清华大学出版社

北京

内 容 简 介

本书在第2版的基础上进行了精心修订，使其内容更新、更全、设计更美观。与第2版相比，本书删除了少数老旧的飞机，同时新增了多种新式飞机，并替换了一些质量较差的配图，补充了不少观赏性较强的精美大图。本书所收录的300余种民用和军用飞机，均对研制厂商、制造数量、服役时间、主要结构、实用性能等内容进行了详细介绍，并配有详细而准确的参数表格。

本书内容结构严谨，讲解透彻，而且图片精美丰富，适合广大军事爱好者阅读和收藏，同时也可以作为广大中小学生、爱国青年的军事科普读物。

图书在版编目(CIP)数据

现代飞机鉴赏指南：珍藏版 /《深度军事》编委会编著. —3版. —北京：清华大学出版社，2020.5 （2023.6 重印）
（世界武器鉴赏系列）
ISBN 978-7-302-54773-0

Ⅰ. ①现… Ⅱ. ①深… Ⅲ. ①飞机—世界—指南 Ⅳ. ①V271-62

中国版本图书馆CIP数据核字(2020)第013214号

责任编辑：李玉萍
封面设计：郑国强
责任校对：张彦彬
责任印制：宋 林
出版发行：清华大学出版社
　　　　　网　　　址：http://www.tup.com.cn, http://www.wqbook.com
　　　　　地　　　址：北京清华大学学研大厦A座　　邮　　编：100084
　　　　　社 总 机：010-83470000　　　　　　　　邮　　购：010-62786544
　　　　　投稿与读者服务：010-62776969, c-service@tup.tsinghua.edu.cn
　　　　　质量反馈：010-62772015, zhiliang@tup.tsinghua.edu.cn
印 装 者：小森印刷（北京）有限公司
经　　销：全国新华书店
开　　本：146mm×210mm　　印　　张：13.875　　字　　数：355千字
版　　次：2014年6月第1版　　2020年6月第3版　　印　　次：2023年6月第5次印刷
定　　价：75.00元

产品编号：085984-01

丛书序
FOREWORD

当今世界正处于大变革时期，美苏争霸的两极格局已经终结，新的世界格局尚未形成。西方大国都在进行自二战以来最深刻、最广泛的军事战略调整。其共同的趋势是：在加强威慑和保持军事实力的基础上，由过去准备打世界性战争转为重点应付区域性冲突；由过去强调军事安全转为以经济安全为主的全方位安全政策。由于各国、各地区之间在经济上的相互依存加强，国际经济竞争日趋激烈，世界安全和国家利益均与经济密切相关，在综合国力的较量中经济因素的作用相对突出。然而，无论世界形成怎样的新秩序，军事实力仍将是一个国家综合国力的重要组成部分。

俗话说："国无防不立，人无兵不安。"一个国家的强大和安全，离不开军人的无私奉献，他们用汗水与鲜血浇灌出了一个国家强大的国防力量。不过，国家安全并不只是军人的责任，国防建设也需要人民群众的共同努力。对于人民群众来说，参与国防建设最基本的方式是增强自己的国防意识和国防精神，而最简单有效的方式是阅读军事科普图书。与其他军事强国相比，我国的军事图书在写作和制作水平上还存在许多不足之处。以全球权威军事刊物《简氏防务周刊》为例，其信息分析在西方媒体和政府中一直被视为权威，其数据库被各国政府和情报机构广泛购买。而由于种种原因，我国的军事图书在专业性、全面性和影响力等方面还存在许多不足之处。

为了给广大军事爱好者提供一套全面而专业的兵器科普图

书，并为广大青少年提供一套通俗易懂的军事入门读物，我们精心编撰了"世界武器鉴赏系列"图书，其内容涵盖飞机、舰船、单兵武器、特种作战装备、枪械、坦克与装甲车等。本丛书于2014年上市后取得了不错的销售成绩，也收到了不少热心读者的反馈意见。

2017年，我们对第1版进行了精心修订，虚心接受了广大读者朋友的宝贵意见，推出了内容更新、更全的第2版。不过，由于军事知识更新较快，在近两年里出现了不少新式武器，而一些现役的武器也在不断发生变化。为了将"世界武器鉴赏系列"打造成经久不衰的兵器科普图书，我们决定再次做出修订，进一步提升图书的质量。与第2版相比，第3版删除了少数老旧的武器，同时新增了多种新式武器，并对第2版的一些过时信息进行了更新，删除了阅读价值不大的"研发历史"部分。此外，一些清晰度不高、构图不严谨的配图也被替换，并额外补充了不少精美图片。

本丛书由国内资深军事研究团队编写，力求内容的全面性、专业性和趣味性。我们在吸收国外同类图书优点的同时，还加入了一些独特的表现手法，努力做到化繁为简、图文并茂，以符合国内读者的阅读习惯。本丛书内容丰富、结构严谨，在带领读者熟悉武器历史的同时，还可以提纲挈领地了解各种武器的作战性能。在武器的相关参数上，我们参考了武器制造商官方网站的公开数据，以及国外的权威军事文档，做到有理有据。每本图书都有大量的精美图片，配合别出心裁的排版，具有较高的观赏性和收藏价值。

本丛书由《深度军事》编委会创作，参与本丛书编写的人员还有黄成、阳晓瑜、陈利华、高丽秋、龚川、何海涛、贺强、胡姝婷、黄启华、黎安芝、黎琪、黎绍文、卢刚、罗于华等。在本丛书的编写过程中，我们在内容上进行了去伪存真的甄别，让内容更加符合客观事实，同时全书内容经过了严格的筛选和审校，力求尽可能准确与客观，便于读者阅读参考。

飞机是人类在 20 世纪所取得的重大的科学技术成就之一，有人将它与电视机和计算机并列为 20 世纪对人类影响最大的三大发明。自诞生以来，飞机日益成为现代文明不可缺少的运载工具。它深刻地改变和影响着人类的生活。

飞机的出现，使得人类环球旅行的时间大大缩短。16 世纪，葡萄牙人麦哲伦率领一支船队从西班牙出发，足足用了 3 年时间，才穿越大西洋、太平洋，环绕地球一周，回到出发地。这是人类历史上第一次环球旅行。19 世纪末，一个法国人乘火车环球旅行一周，也花费了 43 天的时间。而飞机发明以后，人们在 1949 年又进行了一次环球旅行。一架 B-50 轰炸机，经过 4 次空中加油，仅仅用了 94 个小时，便环绕地球一周，飞行 37700 公里。

超音速飞机问世以后，人们飞得更高、更快。1979 年，英国人普斯贝特只用 14 小时零 6 分钟，就飞行 36900 公里，环绕地球一周。在不到一天的时间里，就可以飞到地球的任何地方，这对于生活在 20 世纪以前的人类来说，可以说得上是一个奇迹。

错综复杂的空中航线把世界各国连接起来，为人们提供了既方便又迅速的客运。早在 20 世纪 20 年代，航空运输就开设了定期航班，运送旅客和邮件。如今，空中航线更是四通八达。一架架飞机把不同地区、不同种族、不同肤色的人们紧密地联系起来。通过不断的交流，人们播种友谊，传达信息，达到相互沟通、相互理解和相互促进，共同推进人类的文明。飞机的发明也使航空运输业得到了空前发展，许多为工业发展所需的种种原料拥有了新的来源和渠道，大大减轻了人们对当地自然资源的依赖程度。那些不宜长时间运输的肉品和难以长期保存的时令蔬菜，也可以"乘坐"飞机而跨越五湖四海，让世界各地的人们共同分享。

当然，飞机在现代战争中的作用更为惊人。军用飞机不仅可以用于格斗、侦察、轰炸，而且在预警、反潜、扫雷等方面也极为出色。在20世纪90年代初爆发的海湾战争中，飞机的巨大威力有目共睹。当然，飞机在军事上的应用给人类也带来了惨重灾难，对人类文明产生了毁灭性破坏。如今，飞机已经是一个成员众多的庞大家族。按用途，飞机可以分为军用飞机和民用飞机两大类。军用飞机是指用于各个军事领域的飞机，包括战斗机、攻击机、轰炸机、侦察机、预警机、反潜机、武装直升机等；而民用飞机则是泛指一切非军事用途的飞机，包括民航客机、民用货机、公务机、民用直升机等。

本书将逐一介绍上述机种，力求帮助读者全面认识当今世界的民用和军用飞机。通过阅读本书，你会对各类飞机有一个全新的了解。由于时间和编者经验水平有限，书中难免有疏漏和不足之处，恳请专家和读者不吝赐教。读者可以使用手机扫码下方的二维码获取本书赠送的写真图片等资源。

目 录
CONTENTS

俄罗斯苏-27 "侧卫" 战斗机

Chapter 01
飞 机 漫 谈

　　自 20 世纪初问世以来，飞机已成为现代文明不可或缺的重要工具，深刻地改变和影响着人们的生活。它不仅广泛应用于民用运输和科学研究，而且还是现代军事里的重要武器。

 飞机简史

　　1804 年，英国人乔治·凯利在旋转臂上试验了一种滑翔机模型，第一次将鸟类飞行原埋进行人为的模仿，并提出了最早的"定翼"思想。19 世纪末，日后享誉世界的莱特兄弟（威尔伯·莱特、奥维尔·莱特）进入了航空研究领域，兄弟俩在总结前人经验和教训的基础上，开始了他们的滑翔飞行试验。很快，他们完全弄清了一架成功的飞机所应具备的三要素：升举、推进和控制。

　　在 1890 年秋季到 1902 年秋季，莱特兄弟陆续制造了 3 架全尺寸双翼滑翔机，并利用自制风洞开展机翼翼型实验。其中，第三号滑翔机空重约 53 千克，加上飞行员后的重量在 150 ～ 155 千克。这架滑翔机在 1902 年秋开始试验时，取得了巨大成功，前后共计飞行了 700 余次，性能十分出色。

　　经过几年的努力，莱特兄弟的第一架飞机——"飞行者一号"终于问世。1903 年 12 月 17 日，"飞行者一号"在北卡罗来纳州进行试飞。当天，"飞行者一号"总共进行了 4 次飞行，世界公认的第一次自由飞行是由哥哥威尔伯·莱特驾驶的第 4 次飞行，飞机在空中用 59 秒的时间飞行了 260 米。

　　此次飞行留空时间很短，但这是一项伟大的成就：它是人类历史上有动力、载人、持续、稳定、可操纵的重于空气的飞行器的首次成功飞行。这次成功飞行具有十分伟大的历史意义，为人类征服天空揭开了新的一页，同时也标志着航空飞机时代的来临。

　　飞机出现后的最初几年，基本上是一种娱乐的工具，主要用于竞赛和表演。但是当第一次世界大战爆发后，这个"会飞的机器"逐渐被派上了用场。1909 年，美国陆军装备了第一架军用飞机，机上装有 1 台 30 马力的发动机，最大速度68 千米 / 时。同年制成 1 架双座莱特 A 型飞机，用于训练飞行员。

　　第一次世界大战（后文简称"一战"）初期，军用飞机主要负责侦察、运输、校正火炮等辅助任务。当一战转入阵地战以后，交战双方的侦察机开始频繁活动起来。为了有效地阻止敌方侦察机执行任务，各国开始研制适用于空战的飞机。

　　世界上公认的第一种战斗机是法国的莫拉纳·索尔尼埃 L 型飞机。它装备了法国飞行员罗朗·加罗斯的"偏转片系统"，解决了一直以来机枪子弹被螺旋桨干扰的难题。随后，德国研制出了更加先进的"射击同步协调器"并安装在"福克"战斗机上，"福克"战斗机成为当时最强大的战斗机。"福克"战斗机的出现，从根本上改变了空战的方式，提高了飞机的空战能力，并从此确立了战斗机这

种武器的典型布置形式。

随着空战的日趋激烈，战斗机作为飞机家族中的一个新成员，从此走上了"机动、信息、火力三者并重"的发展轨道，在速度、高度和火力等方面不断改进。一战结束时，战斗机的最大飞行速度已达到 200 千米 / 时，升限高度达 6 千米，重量接近 1000 千克，发动机功率 169 千瓦，大多配备 7.62 毫米的机枪。总体来说，飞机在一战中的地位是从遭到反对到不受重视，再到被重视，其地位的不断发展也为以后的战争方式奠定了基础。

在第二次世界大战（后文简称"二战"）中，飞机开始成为战争的主角。在一战中后期飞机的战略作用被各个国家所认可，因此到二战开始时，战机已经得到了很好的发展，各种不同作战用途的战机也应运而生，如截击机、歼击机、战斗轰炸机、俯冲轰炸机、鱼雷轰炸机等。

由于二战期间各种舰船（包括航空母舰）得到了大范围的使用，这也使得各种舰载机在战斗中有了巨大的发挥空间，往往是各种海战的主导者。在飞机性能方面，二战期间的战斗机的最大速度已达 700 千米 / 时，飞行高度达 11 千米，重量达 6000 千克，所用活塞式航空发动机制功率接近 1470 千瓦。瞄准系统配备了陀螺光学瞄准具能够进行前置计算。

二战中大名鼎鼎的美国 P-51"野马"战斗机

二战末期，德国开始使用 Me 262 喷气式战斗机，最大飞行速度达 960 千米 / 时。战后，喷气式战斗机普遍代替了活塞式战斗机，飞行的速度和高度都得到了迅速提高。

拉开喷气式飞机序幕的德国 Me 262 战斗机

20 世纪 50 年代初，首次出现了喷气式战斗机空战的场面。苏联制造的米格 –15"柴捆"战斗机和美国制造的 F–86"佩刀"战斗机都采用后掠翼布局，飞行速度都接近音速（1100 千米 / 时），飞行高度达 1.5 万米。机载武器已发展到 20 毫米以上的机炮，瞄准系统中装有雷达测距器。

带加力燃烧室的涡轮喷气发动机有利于改善飞机外形，因此战斗机的速度很快突破了音速。20 世纪 60 年代以后，战斗机的最大速度已超过 2 倍音速，配备武器已从机炮、火箭发展为空对空导弹。

20 世纪 60 年代中期，以俄罗斯米格 –25"狐蝠"和美国 YF–12 为代表的战斗机的速度超过 3 倍音速，作战高度约 2.3 万米，重量超过 30 吨。但是 20 世纪 60 年代后期越南战争、印巴战争和中东战争的实践表明，超音速战斗机制空战大多是在中、低空，以接近音速的速度进行的。空战要求飞机具有良好的机动性，即转弯、加速、减速和爬升性能。

米格 –25"狐蝠"战斗机是超音速战机的杰出代表

飞机装备的武器是机炮和导弹并重。因此，此后新设计的战斗机不再过于追求很高的飞行速度和高度，而是着眼于改进飞机的中、低空机动能力，完善机载电子设备、武器和火力控制系统。

到了 21 世纪初，战斗机基本是多功能战斗机，更加强调作战的灵活性，既能同对手进行空战，又拥有强大的对地攻击火力，能以尽量少的架次完成尽量多的任务，在执行任务中能够接受临时赋予的其他任务，甚至能够先空战，然后再对地攻击。

从现代空战的角度来看，未来空中战场不外乎是信息、机动和火力综合优势的争夺。未来战斗机系统之间的整体对抗，将表现为多机编队对信息、火力和机动的综合利用。从某种角度来说，飞机在近百年来所取得的技术突破几乎都是因为战争的推动。军用飞机的不断蜕变促进了航空航天技术的发展，民用飞机也因此受益匪浅，人们也越来越多地享受到飞机带来的舒适和便利。

飞机分类

▶ 按用途

以用途为标准分类，飞机可分为军用飞机与民用飞机两大类型。按不同的军事用途，军用飞机又可分为：战斗机（又叫歼击机）、攻击机（又叫强击机）、截击机、轰炸机、反潜机、侦察机、预警机、电子战机、军用运输机、空中加油机、无人机和靶机等。民用飞机则泛指一切非军事用途的飞机，包括客机、货机、邮政机、公务机、农林业用飞机、救火用飞机、救护机、试验研究机、教练机等。

▶ 按构造

由于飞机构造复杂，因此按构造分类就会显得种类繁多。如按机翼的数量可以将飞机分为单翼机、双翼机和多翼机。按机翼平面形状分类可以分为平直翼飞机、后掠翼飞机、前掠翼飞机和三角翼飞机等。

▶ 按发动机类型

以发动机类型为标准分类，飞机可分为螺旋桨飞机和喷气式飞机。螺旋桨飞机包括活塞螺旋桨式飞机和涡轮螺旋桨式飞机。喷气式飞机主要包括涡轮喷气式飞机、涡轮风扇式飞机和涡轮螺旋桨式飞机，另外还有处于发展阶段的冲压式飞机。

▶ 按发动机数量

以发动机数量为标准分类，飞机可分为单发动机飞机、双发动机飞机、三发动机飞机、四发动机飞机、六发动机飞机、八发动机飞机。

▶ 按飞行速度

以飞行速度为标准分类，飞机可分为亚音速飞机和超音速飞机。亚音速飞机又分低亚音速飞机（飞行速度低于 400 千米 / 时）和高亚音速飞机（飞行速度为 0.8~0.9 马赫，马赫为飞行速度的量词，1 马赫为 1 倍音速）。多数喷气式飞机为高亚音速飞机。超音速飞机则是指速度能超过音速的飞机。

▶ 按航程

以航程为标准分类，飞机可分为近程飞机、中程飞机和远程飞机。远程飞机的航程为 11000 千米左右，可以完成中途不着陆的洲际跨洋飞行。中程飞机的航程为 3000 千米左右，近程飞机的航程一般小于 1000 千米。近程飞机一般用于支线，因此又称为支线飞机。中、远程飞机一般用于国内干线和国际航线，又称为干线飞机。

▶ 按操作方式

以操作方式为标准分类，飞机可分为有人驾驶飞机和无人驾驶飞机（简称无人机）。顾名思义，前者需要载人，后者则由遥控设备或自备程序控制系统操纵。无人机通常是专门设计的，也有用其他飞机改装的。与有人驾驶飞机相比，无人机结构简单、重量轻、尺寸小、造价低廉，能完成有人驾驶飞机不宜执行的某些任务，目前在军事上已得到广泛应用。

Chapter 02

民用直升机

　　直升机比起固定翼飞行器来说有个独特的优点，就是它可以垂直起降和悬停，这使得直升机可以在无法建造跑道的狭窄地区执行任务。目前，直升机在民用方面主要应用于短途运输、医疗救护、救灾救生、吊装设备、地质勘探、护林灭火和空中摄影等。

美国贝尔 47 轻型直升机

贝尔 47 是由美国贝尔公司于 20 世纪 40 年代研制的一款单发轻型直升机。

性能解析

早期的贝尔 47 型号在外观上有所变化，开放式驾驶舱或钣金小木屋，织物覆盖或开放结构，4 轮起落架。后来，D 型和朝鲜战争中的 H-13D 及 E 型落了一个功利的名声。最常见的模式是在 1953 年推出的 47G，有完整的气泡式座舱盖，暴露焊接管尾管，鞍式油箱和滑橇起落架。

机型特点

2010 年 2 月，在贝尔 47 型证书被转移到斯科特的直升机服务时，斯科特打算重新启动生产 1 个涡轴动力版的直升机，使用 1 个劳斯莱斯 RR300 发动机和复合材料旋翼桨叶。

基本参数	
制造商	贝尔公司
机身长度	9.63 米
机身高度	2.83 米
旋翼直径	11.32 米
乘员	2 人
空重	858 千克
最大起飞重量	1340 千克
最大速度	169 千米 / 时
最大航程	402 千米
实用升限	5365 米

美国贝尔 205 中型直升机

贝尔 205 是美国贝尔公司在贝尔 204 基础上制造的一款中型通用直升机。

性能解析

采用单旋翼带尾桨进式，旋翼为 2 片半刚性主旋翼，为保持稳定，还与桨叶呈 90°装有 1 对稳定杆。机身后是稍上翘的尾梁，与机身一样，均为半硬壳结构。与贝尔 204 相比，其换装了大功率发动机，外形尺寸也随之变大。

机型特点

贝尔 205 主要用于给养补给、指挥与控制、救护、运输等任务。主要型别为 UH-1D：最初生产型；UH-1H：UH-1D 的发展型。从 20 世纪 80 年代开始，贝尔 205 的地位逐渐被 UH-60 直升机代替。目前，UH-1 系列的各种型号均已停产。

基本参数	
制造商	贝尔公司
机身长度	12.77 米
机身高度	2.86 米
旋翼直径	14.63 米
乘员	1 人
空重	2365 千克
最大起飞重量	4309 千克
最大速度	204 千米/时
航程	511 千米
实用升限	3800 米

美国贝尔206轻型直升机

贝尔206是由美国贝尔公司研制的一款5座单发轻型通用机，主要用于运输、救援、测绘、油田开发及行政勤务等任务。

性能解析

贝尔206采用2片桨叶半刚性跷跷板式旋翼，桨叶采用贝尔公司标准的"前线下垂"叶形，桨叶由D形铝合金大梁、铝合金蒙皮、蜂窝芯和后段件铰接而成。尾桨为2片桨叶。动力装置通常是1台313千瓦的艾里逊250-C20J涡轮轴发动机，燃油容量为344升。主要机载设备可选装甚高频通信设备、全向导航仪、下滑指示器、自动测向仪等。

基本参数	
制造商	贝尔公司
机身长度	12.11 米
机身高度	2.83 米
旋翼直径	10.16 米
乘员	1 人
空重	777 千克
最大起飞重量	1451 千克
最大速度	222 千米/时
最大航程	693 千米
最大升限	4115 米

机型特点

贝尔206直升机是美国贝尔公司在OH-4A轻型观察直升机的基础上发展的轻型多用途直升机。该机不仅用途广泛，还发展了多种改型。贝尔206B"喷气突击队员"III改装为1台艾里逊250-C20B涡轮轴发动机，进一步提高了在高温、高原环境下的性能。贝尔206L-1"远程喷气突击队员"II改装为艾里逊250C-28B涡轮轴发动机，发动机功率大约提升了20%，甚至有直升机用户称贝尔206为"最安全、最可靠的直升机"。

美国贝尔 210 通用直升机

贝尔 210 直升机是美国陆军 UH-1H 型通用直升机的民用型。

性能解析

    贝尔 210 直升机的机体结构做了修改。贝尔直升机公司为该机换装了贝尔 212 的部件，包括主旋翼系统、尾桨及其支持结构，还有传动系统、旋转控制系统和尾梁。该机安装的霍尼韦尔公司 T-53-517B 发动机已经取得 FAA 适航证。另外，该机还配备了 B 类地形识别和预警系统，当它到达高山区和地形时提醒驾驶员。该机配备的航空电子系统包括语音预警系统、导航系统、额外的数字飞行记录和悬停矢量显示。

基本参数	
制造商	贝尔公司
客舱长度	3.45 米
客舱宽度	2.44 米
机舱高度	1.25 米
乘员	1 人
空重	5084 千克
最大起飞重量	4763 千克
巡航速度	196 千米 / 时
最大航程	416 千米
最大升限	5910 米

机型特点

    贝尔直升机公司 CEO 麦克·雷登堡说，贝尔 210 对许多已在使用 UN-1H 的机构来说，在不少用途上仍是完美的解决方案，如多用途、国土安全、执法或灭火等。该机的优势包括现有的后勤基地、无可比拟的直接使用成本以及极低的初始采购成本。

美国贝尔 222 轻型直升机

贝尔 222 是美国贝尔公司研制的第一种双发轻型民用直升机。

性能解析

贝尔 222 的旋翼系统采用 2 片旋翼桨叶，其桨毂为钛合金结构，旋翼桨叶不能折叠，尾桨为 2 片不锈钢结构桨叶。贝尔 222 的机身为轻合金半硬壳式结构，关键部位采用了破损安全设计，起落架为液压可收放式前三点起落架，动力装置为 2 台莱康明公司的 LTS101-750C-1 涡轮轴发动机，单台起飞功率 510 千瓦，最大连续功率 439 千瓦。贝尔 222 的座舱一般可容纳 1 名驾驶员和 7 名乘客，最多可载 9 名乘客。

基本参数	
制造商	贝尔公司
机身长度	12.85 米
机身高度	3.56 米
旋翼直径	12.2 米
机组乘员	1 人
空重	2066 千克
最大起飞重量	3560 千克
最大速度	240 千米 / 时
最大航程	600 千米
实用升限	3901 米

机型特点

在系列剧《飞狼》中，"飞狼"实际上是一艘贝尔 222 号（序号"47085"，注册号码"N31765"）直升机，黑色涂装并加上许多剧情中用的道具改装，像是"涡轮"喷发引擎与引擎入风口（不是螺旋桨，而是轮子收纳的位置）顶级的机枪，机腹还有称为 ADF Pod 的火箭发射器。在第一季之后，制作人考虑到"机枪"是麦克唐纳・道格拉斯公司的注册商标，所以后来就不再这么称呼它，其他的修改则是靠音效人员和舞台背景达成。内部的装潢充满了高科技的气息；它的"潜航"（静音飞行）能力是靠大量使用音效来达成的。它有时候会被叫作"某女士"。它还有个"孪生姐妹"叫作"红狼"。

美国贝尔 230 轻型直升机

贝尔 230 是由美国贝尔公司研制的一款轻型双发运输直升机。

性能解析

最先生产的 50 架直升机将采用 2 台 522 千瓦的艾利逊 250-C30G2 涡轮轴发动机，但在以后的直升机生产中将采用莱康明 LTSI 01 发动机。贝尔 230 还将采用贝尔直升机公司的流体惯性减振系统和 680 型 4 桨叶旋翼系统。

机型特点

贝尔 230 采用可收放的三点式或滑橇式起落架，而一般政要专机或通勤直升机则采用与贝尔 222 相似的滑橇式起落架。

基本参数	
制造商	贝尔公司
机身长度	12.87 米
机身高度	3.66 米
旋翼直径	12.8 米
乘员	1 人
空重	2268 千克
最大起飞重量	3810 千克
巡航速度	225 千米/时
最大航程	780 千米
实用升限	2285 米

美国贝尔 407 轻型直升机

贝尔 407 是由美国贝尔公司研制的一款 7 座单发轻型直升机。

性能解析

贝尔 407 采用单旋翼带尾桨布局，前机身包括驾驶舱和座舱，空间不拥挤，改善了乘坐舒适性。机身两侧舷窗安装了特殊玻璃，增加了舱内采光，扩大了驾驶员和乘员视野。

贝尔 407 可实施垂直起落、左右横行、前进及倒退，并能在空中悬停和定点转弯等，因为其具有机身小、飞行灵活的特点，所以适合执行公务、医疗急救、抢险救灾、海洋作业、航拍等。贝尔 407 采用 HTS-900 涡轮轴发动机，功率为 680 千瓦。它采用低噪声巡航系统，利用全权数字发动机控制系统把旋翼转速降低为巡航转速的 90%~93%。

基本参数	
制造商	贝尔公司
生产年限	1995 年至今
机身长度	12.7 米
机身高度	3.56 米
旋翼直径	10.67 米
乘员	1 人
空重	1210 千克
最大起飞重量	2722 千克
最大速度	260 千米 / 时
最大航程	598 千米
最大升限	5698 米

机型特点

贝尔 407 在首次交付使用之后，于 1996 年 6 月与国营印度尼西亚飞机工业有限公司签订谅解备忘录，该公司获得总装和销售许可证。美国陆军订购该机作为武装侦察直升机，编号 ARH-70。在贝尔 407 的基础上，改进型 417 也装载有新型的更大功率的霍尼韦尔 HTS900 发动机。

美国贝尔 412 中型直升机

贝尔 412 是由美国贝尔公司研制的一款新型单旋翼带尾桨双发中型运输直升机。

性能解析

贝尔 412 直升机采用波节梁减震悬挂装置，改善了直升机性能，减少了噪声和振动水平，使巡航速度增加了 25%。在同一升力条件下，贝尔 412 需用功率比贝尔 212 减少了 3%~4%，但有效载荷却增加了 10%。为进一步降低直升机振动水平，发展了摆式减振器。从 1984 年年中开始，这种摆式减振器已成为贝尔 412 的标准配置，并可用来改装早期生产的贝尔 412 直升机。

基本参数	
制造商	贝尔公司
内部毛重	5397 千克
飞行高度	6096 米
燃油容积	1500 公升
地效悬停高度	5974 米
无地效悬停高度	4542 米
飞行高度	6096 米
最大速度	224 千米/时

机型特点

贝尔 412EP 是目前市场上在宽敞性、多用途性及经济性方面表现俱佳的飞行器之一。它可以被改装为空中指挥中心或 EMS 平台，或用于特种行动以及国土安全保卫任务。这种直升机以能够在极其恶劣的天气条件下完成飞行而著称，它能运送乘客翻越寒冷的喜马拉雅山，也能穿越阿拉伯湾炙热的沙漠地区。这种直升机为智能化设计，具有良好的性能，可支持从作战部队的战区运送到医疗救助等多种用途。该中型直升机是同级别直升机中最有价值的，也是空中飞行性能最好的。

美国贝尔 427 轻型直升机

贝尔 427 是由美国贝尔公司设计生产的一款轻型双发通用直升机。

性能解析

贝尔 427 是完全采用计算机设计的第一种贝尔直升机，设计中采用了三维 CATIA 立体建模和三维电子实体模型，提高了设计精度、保证了结构相容性。该机采用单旋翼带尾桨式布局，2 台普惠加拿大公司的 PW207D 涡轮轴发动机装在机身上部主减速器后面，带端板平尾位于尾梁中后部，垂尾分上、下 2 部分，下部垂尾下端装有尾撑，尾桨位于尾梁末端左侧，起落架为滑橇式。

基本参数	
制造商	贝尔公司
机身长度	11.42 米
机身高度	3.2 米
旋翼直径	11.28 米
乘员	2 人
空重	1760 千克
最大起飞重量	2970 千克
最大速度	259 千米 / 时
最大航程	730 千米
最大升限	3048 米

机型特点

贝尔 427 是完全采用计算机设计的第一种贝尔直升机。它提高了设计精度、保证了结构相容性。从外形上看，贝尔 427 与贝尔 206 相似，由于广泛采用碳纤维 / 环氧树脂复合材料，机身零件数减少了约 33%。紧急医疗救护型贝尔 427，座舱内可安排 1~2 副担架，1~2 名医护人员。货物运输型贝尔 427，座舱内座椅全部拆除，选用可移动货舱平地板，配备货物系留装置。机身两侧各有 2 扇前铰式门。为了便于货物装卸，左侧座舱门可以选装向后滑动的门。

美国贝尔 429 轻型直升机

贝尔 429 是美国贝尔公司最新研发的一款多用途直升机，各项性能在轻型双引擎直升机中出类拔萃。

性能解析

贝尔 429 拥有宽敞的开放式机舱和平面地板，快速拆分的座椅可以灵活重置舱内构造。在用于顶级的商务飞行时，座舱可以改为 4 座，空间大而且十分舒适、豪华，舱内安装有降噪装置，可使座舱在飞行中保持安静和舒适。贝尔 429 还可以实现自动飞行驾驶等仪表飞行和夜航。用于医疗救护时，重置后的机舱更可容纳 2 副担架和数名医务人员。因此该类直升机能够轻松胜任特警突击、人员输送、紧急救援、医疗救护和消防等多种紧急任务。

基本参数	
制造商	贝尔公司
机身长度	12.7 米
机身高度	4.04 米
旋翼直径	10.97 米
乘员	1 人
空重	1925 千克
最大起飞重量	3175 千克
最大速度	287 千米 / 时
最大航程	722 千米
最大升限	6096 米

机型特点

2008 年，一直在世界民用直升机领域处于领先地位的贝尔公司推出了直升机贝尔 429 直升机。贝尔 429 直升机的问世被称为贝尔公司"力挽狂澜的放手一搏"。贝尔 429 的外形十分精巧。复合轮轴和旋翼系统、全权限数字电子控制感应性能、抗断裂燃油系统等多项安全技术的应用使得贝尔 429 的飞行都在安全的可控范围之内。贝尔 429 的技术配置使其能够跻身于目前最先进的轻型双引擎飞机仪表飞行直升机之列。

美国贝尔 430 直升机

贝尔 430 是达信集团贝尔加拿大直升机公司在贝尔 230 基础上研制的一款 4 桨叶、大功率、加长型直升机。

性能解析

贝尔 430 直升机的旋翼系统采用全复合材料 4 桨叶无铰无轴承旋翼系统，2 片桨叶尾桨。旋翼桨叶由不锈钢大梁、前缘包条和玻璃纤维蒙皮组成，在大梁和后缘之间充填 Nomex 蜂窝芯。

机身为带整体尾梁和一些蜂窝板的铝合金机身。尾梁上装有带前缘缝翼和端板式小垂尾的水平安定面。机身两侧各有 1 个短翼，主要用于收放机轮、装油箱和用作工作平台。固定式垂尾分上、下两部分，后掠垂尾下方装有 1 个尾橇，在尾部触地时可起保护作用。

基本参数	
制造商	贝尔公司
机身长度	13.44 米
机身宽度	3.45 米
机身高度	4.03 米
旋翼直径	12.8 米
乘员	1 人
空重	2388 千克
最大起飞重量	4218 千克
巡航速度	237 千米 / 时
最大航程	644 千米
实用升限	5590 米

机型特点

贝尔 430 是在贝尔 230 的基础上研制的新一代中型双发民用直升机。为了使其在国际市场上更具竞争力并满足用户需求，在设计贝尔 430 型时，一是充分采用先进技术，使 430 型比 230 型有较大的性能改进；二是提高可靠性设计水平；三是进行成本控制并降低维修成本，使贝尔 430 成为一种用户买得起、具有低直接使用成本的新一代双发直升机。

美国贝尔505直升机

　　5座单发的505JetRangerX涡轴直升机是同类产品中最安全、最容易驾驶同时价格合理的机型。

性能解析

　　贝尔505直升机拥有全新设计配有朝前座椅的客舱，完全展平的地板可提供最大的配置灵活性，宽大的客舱门方便上下乘客和货物，出色的能见度最大限度地提高了机组人员的状态感知能力，配备双通道权限数字控制系统结构的Turbomeca Arrius2R发动机。此款多用途直升机为客户对灵活配置的需求提供了最大的保障。

基本参数	
制造商	贝尔公司
乘员	1人
有效载荷	680千克以上
容舱地板面积	2平方米
起飞功率	376千瓦
最大连续功率	341千瓦
最大速度	232千米/时
最大航程	667千米以上
最大续航时间	3.5小时以上

机型特点

　　贝尔505机型可满足多任务运营需求，例如，公共事务、公务出行、私人出行或飞行培训需求等。除了贝尔505的高性能、领先行业的优异表现及性价比，客户更可享受贝尔直升机提供的全天候客户支持作为最坚实的后盾。

美国贝尔 525 中型直升机

贝尔公司在得克萨斯州达拉斯举办的 2012 年直升机展上推出了全球首款"超中型"直升机——贝尔 525 中型直升机。

性能解析

贝尔 525 是世界第一架电传操纵民用直升机，既降低了驾驶员的工作量，又确保在严峻的作业环境下能够安全可靠地运行。通过配备专门为直升机设计的佳明 G5000H 触屏控制台，使驾驶员能够轻易地获得飞机的关键系统数据。同级中最佳的有效载荷、客舱体积、载货量、舒适度和大舱门全部体现了最先进的技术。

基本参数	
制造商	贝尔公司
旋翼直径	16.61 米
乘员	1 ～ 2 人
载员	16 ～ 20 人
空重	8754 千克
有效载荷	3400 千克
最大速度	287 千米 / 时
燃油容量	2400 升
最大升限	6096 米

机型特点

贝尔 525 直升机是一款中型直升机，主要应用于石油、天然气、企业 / VIP 运输、紧急医疗服务、消防和准军用运输等领域。此次推出的贝尔 525 将搭载新设计的后机身收放轮式起落架和内部存放浮选设备舱，以提高飞行速度。

美国 HH-43 "哈斯基" 搜救直升机

HH-43 "哈斯基" 是卡曼公司研制的一款单发直升机，以在越南战争中执行搜救任务时的表现而闻名。

性能解析

"哈斯基"拥有圆形玻璃机鼻，交叉对转螺旋桨，双尾撑，轮式起落架，发动机部分外露。HH-43B 由于采用更紧凑的发动机（莱卡明 T53-L-1B，功率为 1 361 千瓦）并且是布置在机身上部而不是内部，因此其座舱空间更大、更舒适。同时 HH-43B 的机身后部还安装有蚌壳式货门。

基本参数	
制造商	卡曼公司
机身长度	7.6 米
机身高度	5.18 米
旋翼直径	14.3 米
乘员	2 人
最大起飞重量	4150 千克
最大速度	190 千米 / 时
最大航程	298 千米
最大升限	7620 米
爬升率	610 米 / 分

机型特点

HH-43A 是 HOK-1 的发展型，是为美国空军生产的空军型，用于营救坠机驾驶员。该型飞机可容纳 1 名驾驶员、3 名执行营救任务的人员和灭火设备，共生产 18 架。HH-43B 与 HH-43A 相似，装备 1 台 641 千瓦，降低使用功率 615 千瓦的莱康明公司 T53-L-1B 涡轮轴发动机。该机正常燃油量为 755 升。由于发动机安装在机身上方，座舱内可利用空间增加 1 倍。HH-43B 在当时曾创造过 4 项直升机纪录：1961 年 10 月 18 日无装载时飞行高度达 10009.6 米；1961 年 5 月 5 日装载 1000 千克时飞行高度达 8037.27 米；1961 年 10 月 24 日用 14 分 30.7 秒时间爬升到了 9000 米高度；1962 年 7 月 5 日直线航程达 1429.82 千米。

美国 R-22 轻型直升机

R-22 是美国罗宾逊公司研制的一款单发双座轻型直升机，在美国广泛用于直升机驾驶员的培训。

性能解析

R-22 的旋翼系统采用 2 片桨叶的半刚性旋翼，桨毂用 3 个铰链悬挂以减少桨叶柔性和旋翼振动。弹性跷跷板铰链装有限动块，以防大风中起动和旋翼停转时桨叶打着尾梁。R-22 从 275 号机开始滑橇向后加长 25.4 厘米，旋翼桨尖重量增加以改善旋翼自转品质。该机的动力装置为 1 台莱康明 O-320-B2C 活塞发动机，功率为 120.8 千瓦。

机型特点

基本参数	
制造商	罗宾逊公司
制造数量	4484 架以上
生产年限	1979 年至今
机身长度	8.76 米
机身高度	2.67 米
旋翼直径	7.67 米
乘员	1 人
空重	379 千克
最大起飞重量	621 千克
最大速度	190 千米 / 时
最大航程	592 千米
最大升限	4267 米

优越的性能和安全性以及实惠的价格让单发双座为 R-22 在近 20 年时间里一度成为世界上最受欢迎的轻型直升机。美国罗宾逊公司研制的 R-22 保持了在相同重量等级内的包括速度、高度和距离的每项性能纪录，并且最新型的 R-22 贝塔仍然拥有飞机行业内最实惠的价格和最低的操作成本。

美国 R-44 轻型直升机

R-44 "雷鸟"是美国罗宾逊公司研制的一款 4 座轻型直升机。

性能解析

R-44 采用最新开发的液压助力系统为标准设备，消除了驾驶杆机械传动产生的振动现象，使驾驶更加轻松、柔和。此外，它还具备其他特点，例如，可调式脚舵，方便飞行员调整驾姿。尾桨安装有弹性摇摆铰链，使 R-44 维护更简便。

R-44 机体线条优美，其设计符合空气动力学原理，提高了速度和效率，巡航速度可高达 210 千米／时，而平均耗油量仅为 56 升／时。罗宾逊公司在工艺设计方面一贯强调优质可靠，根据美国国家交通安全委员会的统计数据，由于机身或发动机故障引起的事故，R-22 和 R-44 比其他直升机要少得多。

基本参数	
制造商	罗宾逊公司
机身长度	9 米
机身高度	3.3 米
旋翼直径	10.1 米
乘员	1~2 人
空重	657 千克
最大起飞重量	1134 千克
最大速度	240 千米／时
最大航程	560 千米

机型特点

R-44 是在 R-22 的基础上发展而来的。相比涡轮发动机，R-44 使用的活塞发动机性能与其接近，但购买成本仅为涡轮发动机的 1/3，维护费用也低很多。

据悉，作为警用直升机的 R-44 直升机发挥的作用，几乎等同 30 辆警车和 100 名警察的战力。目前，抗坠毁技术已充分在中型直升机上，可以说是安全直升机的必备设施。但由于 R-44 直升机的机体以及功率太小，并不能采用这些安全的设备，不仅成本增加，而且性能也会受到影响。所以 R-44 直升机只能采用简约的设计。

美国 R-66 轻型直升机

R-66 是罗宾逊的新成员，罗宾逊 R-66 直升机是一种 5 座型的直升机。

性能解析

R-66 直升机整合了罗宾逊直升机家族中著名的前任 R-44 型，其中包括双叶型转轮系统，丁字架循环和开放的客舱配置设计等众多功能。最令人关注的亮点是其增加的符合标准的备用动力和低空性能，新增的第 5 座位、大型行李舱、HID 落地灯、真皮座椅，以及立体声音频控制面板。弗兰克·罗宾逊先生曾自己驾驶 R-66，他说，"驾驶 R-66 的感觉非常好，此次从 R-44 到 R-66 的转型非常成功。R-66 是一架很容易就上手的直升机"。

基本参数	
制造商	罗宾逊公司
最大燃油重量	223 千克
最高巡航高度	4200 米
爬升率	300 米 / 分
总重量	1225 千克
空重	580 千克
巡航速度	222 千米 / 时
最大航程	620 千米
最大升限	4270 米

机型特点

罗宾逊 R-66 涡轮轴直升机沿用了许多罗宾逊 R-44 的设计理念，包括 2 片主旋翼、T 形操纵杆、开放式的内部座舱布局。"2+3" 的 5 座排列和独立的超大行李舱，真皮座椅、高亮度卤素着陆灯以及立体声音频控制面板，均为罗宾逊 R-66 涡轮轴直升机的标准配置。5 座开放式座舱为乘客提供了舒适的乘坐空间和开阔的视野。

美国 S-92 中型直升机

S-92 是美国西科斯基飞机公司研制的一款双发中型直升机，主要是针对民用市场而设计。

性能解析

S-92 可用于客运（19~22 座）、货运、航空救护、搜索救援等，具有售价便宜、使用成本低、机内空间大、客舱安静等特点。由于 S-92 直升机能满足军用和民用的多种使用要求，同时经济性也较好，所以在同类直升机中极具竞争力。

机型特点

S-92 采用了新设计的传动系统可大大提高其耐久性。复合材料的应用不仅减轻了重量，还提高了耐腐蚀性和抗破裂的能力。

基本参数	
制造商	西科斯基飞机公司
制造数量	129 架以上
生产年限	1998 年至今
机身长度	17.1 米
机身高度	4.71 米
旋翼直径	17.17 米
乘员	2 人
空重	7030 千克
最大起飞重量	12020 千克
最大速度	306 千米 / 时
最大航程	999 千米
最大升限	4270 米

S-92 的电子系统是以 MIL-STD-1553 或 Anmc429 数据总线为基础的综合模块化电子设备，不仅适用于各种任务，而且还可大大简化设备的安装工作，它的搜索距离甚至在 1090 千米以上。

西科斯基公司以前的直升机机体寿命通常是 5000 飞行小时，而 S-92 的机体寿命达到了 3 万飞行小时。S-92A "直升客车" 在取得适航证以后，完全可以在国际市场上同 "美洲狮" 和 "超美洲豹" 等直升机竞争。

美国波音 234 中型直升机

波音 234 是美国波音公司在 CH–47 "支奴干"军用直升机基础上研制的一款民用型直升机，属于中型直升机，主要用于客货运输。

性能解析

波音 234 的机体是以最新"支奴干"军用型为基础，但与"支奴干"其他各型比较有许多新特点，比如，采用宽弦长的玻璃纤维复合材料旋翼桨叶，代替过去使用的金属桨叶；重新设计了机身两侧整流罩；加长了机头，以放置气象雷达天线；前起落架位置向前做了适当的移动。

基本参数	
制造商	波音公司
机身长度	15.87 米
机身高度	5.68 米
旋翼直径	18.29 米
乘员	3 人
空重	12292 千克
最大起飞重量	23133 千克
最大速度	278 千米 / 时
最大升限	4575 米

机型特点

波音 234 由一种改型改装成另一种改型，大约需要 4 个工人工作 8 小时拆装多用途型燃油箱和旅客型后跳板舱门行李箱。例如，波音 234LR 远程型直升机机身两侧的整流罩内可容纳贮油量为"支奴干"军用型直升机 2 倍的油箱，油箱为复合材料抗震安装结构。该型飞机为客运型，可容纳 44 名旅客，备有厕所和厨房，行李箱在后跳板上，同时也可改作客运 / 货运混合型或纯货运型。

欧洲 AS350 轻型直升机

AS350 单发小松鼠是欧洲直升机公司产品系列中的一款高性能机型。

性能解析

作为从 AS350 小松鼠系列中衍生出的一款高性能机型，单发 B3 以其强劲的动力、灵活的用途、低采购成本和维护费用，全面领先所有其他 6 座直升机。AS350B3 为适用于高温、高原作业。实际上在 2005 年 5 月，B3 标准型创造了一项历史纪录——成功地在珠穆朗玛峰（8844 米）上进行了起降。

AS350 自初次飞行以来，该机型的世界总飞行小时数已接近 200 万小时。该型直升机装备有先进的 3 轴自动驾驶（选装）和双套液晶显示器的 VEMD（发动机多功能）显示系统。驾驶员可轻松看到机体和发动机参数，减轻了工作负担并提高了安全性。

基本参数	
制造商	欧洲直升机公司
生产年限	1975 年至今
机身长度	10.93 米
机身高度	3.14 米
旋翼直径	10.69 米
乘员	1 人
空重	1224 千克
最大起飞重量	2250 千克
最大速度	287 千米 / 时
最大航程	662 千米
最大升限	4600 米

机型特点

AS350 单发小松鼠以高性能、坚实耐用、可靠性高、使用成本低等特点著称。其可广泛应用于医疗救助、搜救、空中执法、石油平台支持、公务用途、电力巡线、护林防火、旅客运输、航拍飞行等方面。

欧洲 EC130 轻型直升机

EC130 是欧洲直升机公司产品系列中一款全新的 7～8 座单发轻型直升机，其特点为宽敞、舒适和噪声低，可满足世界各地最严格的噪声限制规章。

性能解析

EC130 采用了透博梅卡阿吕斯 2B1 涡轮轴发动机，其上安装有双通道全权数控装置和能在 FADEC 双数字通道故障时自动操控发动机的备用控制盒。该机型全面装备了符合目视飞行规则昼间飞行的标准无线电通信和导航系统，其中包括与 GPS 相连的综合仪表板。

EC130 具备夜间按照目视飞行规则飞行的能力。该机具有非常低的外部噪声水平，比国际民航组织噪声限制值低 7 分贝。这些优点得益于其采用了低噪声的涵道尾桨和尾桨转速自动控制。宽敞的模块式座舱内噪声水平很低，且具有符合美国航空管理局规章的耐坠毁性座椅。

基本参数	
制造商	欧洲直升机公司
生产年限	2001 年至今
机身长度	10.68 米
机身高度	3.34 米
旋翼直径	10.69 米
乘员	1 人
空重	1377 千克
最大起飞重量	2427 千克
最大速度	287 千米/时
最大航程	610 千米
最大升限	4770 米

机型特点

EC130 在设计时与旅游业者密切合作，蓝色夏威夷直升机公司成为首家使用者，EC130 的宽大座舱拥有极佳的视野，可同时乘坐 7 名游客。EC130 于 2001 年首次交付蓝色夏威夷直升机公司使用，现在经常可以在夏威夷和科罗拉多大峡谷看到它的身影。

欧洲 EC135 轻型直升机

EC135 是欧洲直升机公司设计制造的双发轻型直升机，被广泛运用于警务与急救领域，同时也用于执行运输任务。

性能解析

EC135 的优点是载重大、噪声低，可加装夜视系统以及彩色电子地图系统；缺点是造价高、升限较低、续航时间不长。

根据客户要求，EC135 可供应 2 种型号，其区别主要在于发动机：EC135 T2 型，采用透博梅卡 ARRIUS 2 B2 发动机；EC135 P2 型，采用普惠 PW206B2 发动机。EC135 在客舱能配备 8 个座位，也能进一步改进配置用于执法人员或贵宾运送、紧急医疗服务、搜寻和救援等任务。

基本参数	
制造商	欧洲直升机公司
生产数量	800 架以上
机身长度	12.16 米
机身高度	3.51 米
旋翼直径	10.2 米
乘员	1 人
空重	1455 千克
最大起飞重量	2910 千克
最大速度	281 千米 / 时
最大航程	635 千米
最大升限	6096 米

机型特点

EC135 直升机结合欧洲直升机公司的低噪声涵道尾螺旋桨专利技术。涵道尾螺旋桨的 10 个桨叶被安排成不对称排列，间隔采用不同间距，在根本上减少了直升机噪声。由于具有可靠的双发动机设计和低噪声优点，EC135 在警察执法中获得了青睐。该飞机用于巡逻、空中监视、贵宾和政要运送，在城市消防中也发挥了重要作用。作为一种民用机型，EC135 外部的噪声水平比管制规定低 6 分贝，允许在大居民区和医院上空飞行。

欧洲 EC145 中型直升机

EC145 是欧洲直升机公司瞄准市场空缺而研制的一款中型双发多用途直升机。

性能解析

EC145 的设计中广泛采用先进技术，拥有高性能旋翼桨叶、气动优化的机身、具有现代化人机接口特点的驾驶舱、大视野风挡玻璃和宽敞的座舱等。

EC145 具有商载大、航程远、噪声小、驾驶舱舒适宽敞、驾驶员工作负荷轻、系统安全可靠、使用成本低等特点，符合欧洲 JJAROPS 最新适航要求，允许在人口密集地区和市区起降。自投放市场以来，EC145 深受广大用户的青睐。

机型特点

基本参数	
制造商	欧洲直升机公司
生产年限	2000 年至今
机身长度	13.03 米
机身高度	3.45 米
旋翼直径	11 米
乘员	1～2 人
空重	1792 千克
最大起飞重量	3585 千克
最大速度	268 千米/时
最大航程	680 千米
最大升限	5240 米

EC145 所有的座位都采用了导轨安装，可以方便、快捷地自由配置，甚至可将其拆下专门为存放行李留出空间。由于舱内座位可自由组合，EC145 可根据各种各样的运行任务进行不同配置。这款直升机是唯一一架可搭载 8 名乘客的直升机，并且梅赛德斯·奔驰的设计师将确保乘客可以享受到真正的奔驰风格。墙面和地板有很多附着点，可用于固定高尔夫球杆、行李以及其他形状、尺寸不规则的物品。

EC145 在全球已销售了 300 多架，其性能受到广泛认可。随着全新"梅赛德斯·奔驰"风格机型的推出，凭借其超大的乘客容量，EC145 未来一定可以赢得更加广阔的市场空间。

欧洲 EC155 中型直升机

EC155 是欧洲直升机公司研制的双发长程通用中型直升机，能载普通乘客或是改装成救护直升机或 VIP 豪华专机。

性能解析

作为经大量使用证明的"海豚"家族中的增强型直升机，EC155 不仅增加了 40% 的座舱空间，而且采用了当今最先进的技术和更高功率的发动机。经优化的双发透博梅卡阿赫耶 2C2 发动机可适应高温、高原的作业环境，由于安装了全权数控装置，单发动机工作时的安全性能得到增强。

EC155 具有充足的剩余功率，在同类级别中具有最快的巡航速度（278 千米 / 时）和 857 千米的最大航程。EC155 座舱环境舒适，可容纳 13 名乘客外加 2 名飞行员，其舒适的 VIP 构型可承载 8 名乘客加 2 名飞行员。

基本参数	
制造商	欧洲直升机公司
生产年限	1999 年至今
机身长度	14.3 米
机身高度	4.35 米
旋翼直径	12.6 米
乘员	2 人
空重	2618 千克
最大起飞重量	4920 千克
最大速度	324 千米 / 时
最大航程	857 千米
最大升限	4572 米

机型特点

欧洲直升机公司的 EC155 是一种双发远程中型直升机，属于原法国宇航公司"海豚"直升机家族的最新型号。该机可根据客户的需求用于客运、近海石油平台支援、要员专机和伤员运输等任务。EC155 还配备了四维数字式自动驾驶仪，以及全权数字式发动机控制系统，构成完整的使用监控系统。

EC155 装有功率更大的发动机，足以保证在高温、高原条件下的飞行性能。该机型还提高了最大起飞重量。2002 年 11 月开始向首位用户香港政府飞行服务队交付。

欧洲 EC225 客运直升机

EC225 是欧洲直升机公司开发的民用"超美洲豹"家族中的下一代长程客运直升机。该机是面向海上支援和 VIP 旅客运输市场开发的，也可以用于公众服务任务。

性能解析

EC225 是一种双引擎飞机，可以运输 24 名旅客以及 2 名机师和 1 名机舱服务员。EC225 具备全天候飞行能力，装有雷达可识别水面船只、防冰和除冰系统、水上迫降浮筒、机载救生筏等，并装有应急定位发射装置，可与卫星直接建立连接，配备目前世界上最先进的自动驾驶和仪表显示设备，最新的空气动力设计，具有噪声小、飞行更加平稳等特点。

基本参数	
制造商	欧洲直升机公司
生产年限	2004 年至今
机身长度	19.5 米
机身高度	4.97 米
旋翼直径	16.2 米
载客量	24 人
空重	5256 千克
最大起飞重量	11000 千克
最大速度	275 千米 / 时
最大航程	820 千米
最大升限	5900 米

机型特点

欧洲直升机公司很自豪在其"超美洲豹"产品系列中增添了 1 名新成员——高性能 EC225。这款 11 吨重的直升机的研制得益于"超美洲豹"家族所积累的使用经验，还整合了所有最新技术。EC225 的先进性不仅体现在其具备了最新的电子设备和全新驾驶舱布局的人机界面，而且还为乘客提供了更好的舒适性。受益于振动和噪声水平的大幅度降低，乘客可以体会到商务喷气客机的飞行品质。由于这些特点，该新机型具备了实施从近海石油平台支持、海上搜救到行政运输的各类任务的能力。

意大利 AW109 轻型直升机

AW109 是由意大利阿古斯塔·韦斯特兰公司生产的一款轻型、双发、8 座多用途直升机。

性能解析

AW109 直升机具备全天候飞行能力，其客舱可以快速更改结构以适应商务运输、医疗急救、警务巡逻等不同的任务模式。该机可以在高温、高原地区、寒冷地区、强风和近海湿度大、高盐分环境下正常飞行，能够满足不同地区和环境作业的需求。

AW109 安装了复合材料旋翼、弹性轴承和旋翼夹套以及钛合金的转子。与其家族中的前辈相比，AW109 大幅降低耗油量的同时还增加了航程和有效载荷，玻璃化座舱也减少了机组人员的工作量。

基本参数	
制造商	阿古斯塔·韦斯特兰公司
生产年限	1971 年至今
机身长度	13.04 米
机身高度	3.5 米
旋翼直径	11 米
乘员	1~2 人
空重	1590 千克
最大起飞重量	3000 千克
最大速度	285 千米/时
最大航程	932 千米
最大升限	5974 米

AW109 是同级别直升机中唯一安装轮式起落架的直升机，这不仅极大地提高了飞机野外着陆的能力，而且增加了绞车作业的安全性，同时轮式起落架滑跑起飞和着陆功能也提高了该机的作业性能。

机型特点

阿古斯塔 AW109 直升机设计用于通用运输、公共服务和高空作业等任务，具有优秀的飞行品质、操控性能和机动能力，2014 年 2 月公布的 AW109 Trekker，是芬梅卡尼卡公司的首个带有滑橇式起落架的轻型双发直升机。2016 年 3 月 2 日，芬梅卡尼卡直升机公司宣布其新型阿古斯塔 AW109 Trekker 轻型双发直升机在意大利首飞成功，AW109 Trekker 直升机性能符合预期，并对其操控和基本系统进行了评估。该机的适航取证工作将需要 2 架原型机，于 2016 年年底获得欧洲 EASA 颁发的型号合格证。

俄罗斯米－34 轻型直升机

米－34是苏联米里设计局研制的一款2排4座轻型多用直升机，主要用于教练、通信、观测、联络和巡逻，北约代号为"蜂鸟"。

性能解析

米－34所具备的飞行技术特性和结构特点保证了该机在最大过载系灵敏条件下完成特技直升机的各种特技飞行和后飞的机动动作。米－34直升机能完成世界冠军比赛大纲所规定的动作，其中包括准确驾驶、准确到达、准确领航和回避障碍。米－34装有2套操纵装置，从而使这种直升机既可以作为教练机，又可以作为联络机和巡逻机。驾驶舱后面有1个空间舱，必要时可载人或装货。

基本参数	
制造商	米里设计局
生产年限	1994 年至今
机身长度	11.42 米
机身高度	2.75 米
旋翼直径	10 米
乘员	1～2 人
空重	950 千克
最大起飞重量	1450 千克
最大速度	210 千米 / 时
最大航程	356 千米
最大升限	4000 米

机型特点

米－34直升机能够完成所有的高级特技，包括横滚和倒飞。其许可过载程度和操纵有效性超过了其他直升机的大部分类似指标。其驾驶不需要专门培训。米－34拥有多用途应用的所有必要参数，可用于运输人员和货物、飞行员培训、搜救作业、空中观察和巡逻、通信保障和VIP乘客服务等。1995年米－34直升机通过了俄罗斯适航标准认证，并于1996年顺利完成国家试验。

意大利 kiss 209M 轻型直升机

kiss 209M 是意大利 FAMA 直升机公司生产的一款超轻双座直升机，kiss 209M 采用单转子常规设计，这决定了该机的座位可以并列。

性能解析

kiss 209M 的中心部分和尾根采用高颈气管钢结构 。舱壳采用碳纤维材料制成。 单台 120 千瓦 T62 涡轴发动机支持其上方的主螺旋桨，主尾桨旋翼采用双刀片式设计。尾翼采用 1 个狭窄的对称式尾桨，但其最初的原型机用的是 1 个 T 形尾翼。kiss 209M 可以有 1 个防止打滑或可伸缩的起落架 。

基本参数	
制造商	FAMA 直升机公司
机身高度	2.50 米
机身长度	8.22 米
机身宽度	1.25 米
旋翼直径	7.7 米
乘员	2 人
空重	308 千克
最大速度	194 千米 / 时
燃料容量	150 升
最大升限	3100 米

机型特点

kiss 209M 直升机的设计目标是成本低、维护方便，并有舒适的驾驶室和良好的性能。它是意大利制造的唯一一款带有收放式起落架的超轻型直升机。此外它还是带有脚架的传统型直升机。它的不足之处是飞行速度较慢。

意大利 A119 轻型直升机

A119 是意大利阿古斯塔·韦斯特兰公司生产的一款 8 座轻型单发直升机。

性能解析

与 A109 相比，A119 主要做了以下改动：由双发改为单发；机身右侧原来安装发动机的位置改为安装滑油冷却器；轮式起落架改为滑橇起落架；机头缩短，采用新旋翼系统、新的液压系统、新的尾传动轴和高效平尾等。

机型特点

A119 直升机的用途很多，可用于人员运输、空中摄影、护林防火、巡逻报警、卫星热点侦察、火场急救、投撒宣传单、机降等。

基本参数	
制造商	阿古斯塔·韦斯特兰公司
机身长度	13.01 米
机身高度	3.50 米
旋翼直径	10.38 米
乘员	2 人
空重	1430 千克
最大起飞重量	2720 千克
巡航速度	240 千米 / 时
最大航程	600 千米
最大升限	5700 米

意大利 AW139 中型直升机

AW139 是阿古斯塔·韦斯特兰公司生产的一款中型双发直升机，可以执行多种任务。

性能解析

AW139 直升机的先进设计赋予了其多用途的功能及操作灵活性。它拥有同级别产品中最宽敞的客舱，容积达 8 立方米，内部明亮，能搭载 12~15 名乘客，同时配有大型滑动客舱门，方便乘客及物资的出入。

它还选用了模块式的解决方案，便于其在不同构型间快速转换。行李舱从客舱内外部都可以进入。卓越的商载性能表现确保其在海上作业时具备无可匹敌的作业

基本参数	
制造商	阿古斯塔·韦斯特兰公司
续航时间	3 小时 54 分
机身长度	16.65 米
机身高度	4095 米
旋翼直径	13.80 米
最大有效载荷	2778 千克
最大起飞重量	6400 千克
最大速度	290 千米 / 时
最大航程	568 千米

能力。作为新时代直升机产品，AW139 完全符合新版 JAR/ FAR29 规定在性能和安全方面严格的要求。它装载了强大的涡轴发动机配合顶级的五叶片主旋翼传动系统，即使在极端的环境和各种载重条件下，也能够确保出色的巡航速度和卓越的动力表现。

机型特点

AW139 直升机可以执行执法、搜救、电子对抗、离岸协同任务和特殊人员运输等任务。AW139 可以在全天候、全天时情况下执行任务，甚至可以搭载在军舰上使用。

意大利 AW609 轻型直升机

　　AW609 是由意大利阿古斯塔·韦斯特兰公司和贝尔公司联合生产的轻型、双发可变翼多用途直升机，多数技术来自军用 MV-22。

性能解析

　　AW609 直升机早期发展自 1996 年贝尔和波音的前导研发专案，研制民用可变翼直升机，2002 年进行地面测试。AW109 于 2003 年 4 月 6 日首飞，目前单价约为 3000 万美元。

机型特点

　　2015 年国际直升机博览会于 3 月 2～5 日在美国的加利福尼亚州西南部城市阿纳海姆举行。展会开幕当天，意大利阿古斯塔·韦斯特兰公司展出了最新研制的 AW609 倾转旋翼机，引来大量关注。

基本参数	
制造商	阿古斯塔·韦斯特兰公司和贝尔公司
翼展	11.7 米
机身长度	13.4 米
机身高度	5.0 米
旋翼直径	7.9 米
爬升率	7.6 米/秒
空重	4755 千克
最大起飞重量	7620 千克
最大速度	509 千米/时
最大航程	1390 千米
最大升限	7600 米

比利时 H2S 轻型直升机

H2S 是由比利时杰克 JackyTONET 设计、Dynali 直升机公司生产的一种直升机，设计符合业余制造的飞机规则。

性能解析

H2S 配备 2 套飞行操作装置，2 名乘员均可以操作直升机，最大起飞重量达到 600 千克（H2 型）和 700 千克（H2S 型）。它具有单主旋翼，2 个座位并排侧配置封闭式驾驶舱挡风玻璃，滑橇式起落架和 1 个四缸，风冷，四冲程，拥有 121~136 千瓦的斯巴鲁 EJ25 汽车转换引擎，动力强劲。该飞机机身是由铝合金管材的组合和焊接不锈钢与聚碳酸酯整流罩覆盖。H2S 由复合材料构造，飞行性能良好，容易操控。

基本参数	
制造商	Dynali 直升机公司
机身长度	6.23 米
爬升率	396 米 / 分
旋翼直径	7.16 米
乘员	1 人
空重	465 千克
最大起飞重量	700 千克
最大速度	190 千米 / 时
最大航程	550 千米
实用升限	3660 米

Chapter 03

公务机

公务机是在行政事务和商务活动中用作交通工具的飞机，也称行政飞机或商务飞机。公务机一般为 9 吨以下的小型飞机，可乘 4~10 人。

美国"豪客 800"公务机

"豪客 800"是由美国豪客比奇公司生产的一款喷气式公务机。

性能解析

"豪客 800"喷气式公务机有传统的飞机外形，机身、机翼及飞行控制面都在英国制造，再运送至豪客比奇飞机公司在美国堪萨斯州威奇托的工厂进行总装、内装、试飞及交机。1993 年，非洲有一架"豪客 800"被导弹击中右侧发动机，造成发动机在空中脱落，飞机的机身及襟翼同时被机枪扫射，但飞机最后仍安全地降落。当时雷神公司曾用这一事件为"豪客 800"做营销上的宣传。

机型特点

"豪客 800"系列的"豪客 800XP"是世界上最受欢迎的中型公务机，"豪客 800XP"

基本参数	
制造商	豪客比奇公司
制造数量	650 架以上
生产年限	1983 年至今
机身长度	15.6 米
机身宽度	5.5 米
翼展	16.5 米
载客量	13 人
空重	7108 千克
最大起飞重量	12701 千克
最大速度	830 千米 / 时
最大航程	4893 千米
最大升限	12497 米
爬升率	9.9 米 / 秒

的航程与性能的结合可以使短途旅行的小时运营成本与长途旅行的成本一样，在 NBAA 仪表飞行规则下有 4700 千米的航程（6 名乘客和行李）和长达 7 小时的连续飞行能力，比其他任何中型公务喷气式飞机都飞得更远。

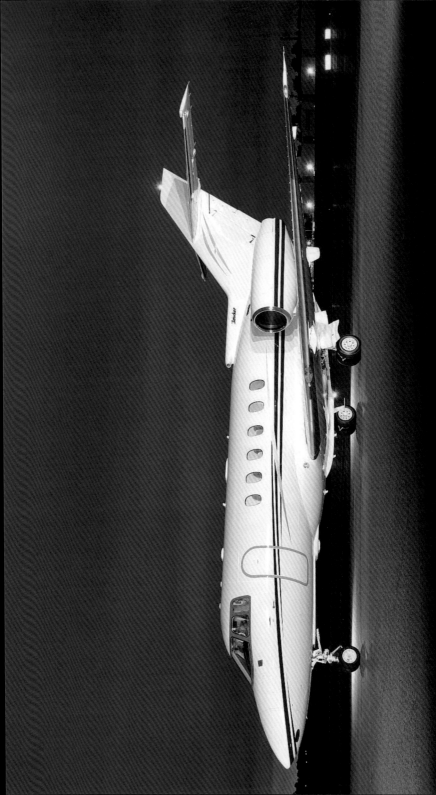

美国"豪客 4000"公务机

"豪客 4000"是美国豪客比奇公司研制的一款豪华公务机。

性能解析

"豪客 4000"以先进的后掠翼设计、复合材料机身和划时代的航空电子设备，在公务机领域确立了一种全新的超中型级别。它以革命性的碳纤维机身实现了可观的重量减少、燃油经济性提高、性能提升和寿命循环成本降低等目标。

该机装备 2 台普惠加拿大公司 PW308A 发动机，最多可以搭载 10 名乘客加 2 名机组人员，非常适合进行长航程的本土和洲际旅行。作为世界上最先进的超中型喷气机，"豪客 4000"拥有高效发动机和业界领先的复合材料机身。它比铝更轻，强度更高，这种碳纤维技术让该飞机的速度更快，续航里程更多。

基本参数	
制造商	豪客比奇公司
制造数量	180 架以上
生产年限	2008 年至今
机身长度	21.1 米
机身宽度	6 米
翼展	18.8 米
载客量	12 人
空重	10659 千克
最大起飞重量	17917 千克
最大速度	482 千米 / 时
最大航程	6075 千米
最大升限	12716 米

机型特点

"豪客 4000"不仅速度快，而且拥有同级别飞机领先的跑道性能。在海平面及国际标准大气条件下以最大起飞重量 17000 千克，起飞时，"豪客 4000"对跑道长度的要求仅为 1374 米。由于装备了双套 IRS（惯性导航系统）、双套空气循环机和标准装备液压驱动的备用发电机，"豪客 4000"非常适合于长时间远距离飞行。"豪客 4000"在停机坪上的雄姿也同样令人瞩目。它的机身采用全复合材料，平整的地板贯穿整个客舱，通向 2.51 立方米的行李舱，行李舱在飞行中和在地面上均可达。飞机的内饰是标准的 8 座布局，配置了双俱乐部式的真皮行政座椅。客舱内饰的装饰材料，完全可以根据客户要求个性化。

美国"空中国王350"公务机

"空中国王350"是美国豪客比奇"空中国王"系列公务机的旗舰机型。

性能解析

　　"空中国王350"的双套中央俱乐部式豪华客舱可以坐满8名乘客，油箱可携带足够飞行2400千米的燃油，同级别机型中最大的加温加压行李区可装载520千克的行李。省油可靠的普惠加拿大公司PT6-60A发动机、福勒襟翼和皮实的双轮胎主起落架，赋予了"空中国王350"出色的短距离起降性能，使它可以在短至1005米的跑道上以最大重量起降。

　　该机的客舱堪称集舒适性、便利性和艺术性于一体的杰作。它为乘客提供了更多的头部、肩部及下肢活动空间。每个座椅都可以前、后、侧向滑动，椅背的倾斜度可以平滑地调节。

基本参数	
制造商	豪客比奇公司
制造数量	3100架以上
生产年限	2008年至今
机身长度	13.34米
机身宽度	4.57米
翼展	16.61米
载客量	8人
空重	3520千克
最大起飞重量	5670千克
最大速度	545千米/时
最大航程	3338千米
最大升限	10700米
爬升率	12.5米/秒

机型特点

　　"空中国王350"公务机始终是全世界众多政府、公司和私人公务机的首选。其主要原因是它的舒适性、经济性以及可以服务于从大型繁忙机场至劳动草坪机场的灵活性。卓越的性能、豪华的客舱和先进的技术，使"空中国王350"成为愉悦的空中旅行的最完美的代名词。凭借最大的多样性和能力，"空中国王350"成为当之无愧的"无所不往，无所不能"的飞机。

美国"首相ⅠA"公务机

"首相ⅠA"是美国豪客比奇公司研制的一款公务机,被誉为"世界上最快、最先进的可单飞式公务机"。

性能解析

作为第一架采用全复合材料机身的轻型公务机,"首相ⅠA"有着优异的结构强度、效率和更高的抗疲劳和耐腐蚀性。该机满载时可搭乘7名乘客,搭乘4名乘客时的航程达2095千米,能够满足大多数美国国内旅行的需要。而它的经济性比大型公务机要好得多,每小时总的直接运行成本仅为975美元。拥有轻型喷气机的经济性的同时,"首相ⅠA"也拥有大得多的喷气机的性能和品质。它拥有本级别最大的客舱,比其他的竞争对手大了近30%。

基本参数	
制造商	豪客比奇公司
制造数量	260架以上
生产年限	2005年至今
机身长度	14.02米
机身宽度	4.67米
翼展	13.56米
载客量	7人
空重	3627千克
最大起飞重量	5670千克
最大速度	854千米/时
最大航程	2648千米
最大升限	12500米

机型特点

从一开始,"首相ⅠA"就是按真正的单飞喷气机设计的。因此,它的驾驶舱顺理成章地采用了最先进的航电系统。其带有3台8×10英寸液晶显示器的航电系统提供关键的飞行信息和发动机性能数据,扩大了态势感知并降低了工作负荷。客舱内配有下射灯、可旋转和放平的座椅、后部盥洗室和多种声像娱乐系统。在新的比奇"首相ⅠA"上,就如同在13千米高空拥有一个私人办公室。其全集成的一流航空包与结合最安静的客舱和最低的运行成本使得"首相ⅠA"成为市场上最具价值的轻型喷气机。

美国塞斯纳 170 小型飞机

塞斯纳 170 是美国塞斯纳飞机公司早期设计生产的单引擎 4 座位的小型飞机，通常作为私人飞机使用。

性能解析

早期的塞斯纳 170 型采用金属制成的机身、尾翼和高单翼，配备欧陆 O-300 发动机。1952 年投产的 170B 型是 170 系列中最重要的 1 个，该型号拥有全新的机翼。最大襟翼角度增加至 40°，翼轮有小幅修改，增加后窗的面积、加长了发动机的护罩。20 世纪 50 年代中期，170 型被 172 型取代，而且早期的 172 型都是以 170 型为蓝本，除了在起落架及垂直尾翼上有所修改外，设计大致一样。

基本参数	
制造商	塞斯纳飞机公司
制造数量	5174 架
生产年限	1947—1956 年
机身长度	7.61 米
机身宽度	2.01 米
翼展	10.97 米
载客量	4 人
空重	547 千克
最大起飞重量	998 千克
最大速度	230 千米 / 时
最大航程	950 千米
最大升限	4724 米
爬升率	210 米 / 分

机型特点

塞斯纳 170 在 1947—1956 年的 10 年间可能是世界上最受欢迎的 4 座飞机。170 型和 172 型具有很多共同点，除了起落架配置，另外还有其他不同之处。事实上，因为太相似，所以原始 172 不是本机的型号合格证。最初新飞机以塞斯纳 170 的名义获得合格证。后来才获得它自己的型号合格证。塞斯纳第一次制造的塞斯纳 170C 的升降舵较大，垂直安定面有点倾斜，后来就决定添加一个三轮起落架，叫作改进款 172。公司最初计划供应这两款紧凑的 4 座椅机型，但是三轮款的销售量迅猛增长，在生产的第一年就销售了 1600 架，所以立刻停止了 170 款的生产。

美国塞斯纳 172 "天鹰" 小型飞机

塞斯纳 172 "天鹰" 是一种单引擎 4 座位的小型飞机，通常作为私人飞机使用，同时也是很受欢迎的教练机。

性能解析

早期的 172 型与 170 型十分相似，具有相同机身。后来重新设计成前三点起落架，增加后窗以改善飞行员的视野，成为一架能够 360° 观察四周环境的飞机。C-172A 引入了可移动的尾翼及方向舵及向后倾的机尾，而 172B 则改变了仪器设备，从此该型号飞机开始得到 "天鹰" 的称号。172D 降低了机身的高度，172F 加入了电力襟翼，172J 更换了引擎，172R 加入了标准的无线电设备及隔音设备。

基本参数	
制造商	塞斯纳飞机公司
制造数量	43000 架以上
生产年限	1956 年至今
机身长度	8.28 米
机身宽度	2.72 米
翼展	11 米
载客量	3 人
空重	736 千克
最大起飞重量	1113 千克
最大速度	228 千米/时
最大航程	1272 千米
最大升限	4116 米
爬升率	3.7 米/秒

机型特点

塞斯纳 172 是美国塞斯纳飞机公司于 20 世纪 50 年代推出的一款经典私人飞机，堪称挺立一个甲子的常青树。该机型以稳定和安全著称，是最适宜作为教练机的型号。在世界上几乎所有的航校里，都能见到它的身影。同时，由于它良好的安全性、经济性和适中的性能，也是全世界私人飞机购置的首选。

塞斯纳 172 自从投产至今，已经发展出了 10 余种亚型，其基本设计相同，不同的只有发动机和航电装置。

美国塞斯纳 208 "大篷车" 通用飞机

塞斯纳 208 "大篷车" 系列是塞斯纳飞机公司研制生产的 10~15 座单发涡轮螺旋桨式轻型通用飞机。

性能解析

塞斯纳 208 以其优良的适应能力著称。公司提供了不同的起落架安装模式，使塞斯纳 208 能适应包括水上的不同地形。

该系列飞机装有带撑杆的机翼（上单翼）和不可收放的前三点式起落架，可选装轮式、浮筒式或滑橇式起落装置。起落架使用正常轮胎，可在草地、土地、沙石地面起降。换装浮筒，可在水面起降。换装冰橇，可在雪面或冰面起降。该系列飞机可靠性、经济性和灵活性较好，可使用简易跑道，具备一定的商载能力。加装专业设备后具有多用途的优势。

基本参数	
制造商	塞斯纳飞机公司
制造数量	2000 架以上
生产年限	1984 年至今
机身长度	12.67 米
机身宽度	4.7 米
翼展	15.88 米
载客量	15 人
空重	2073 千克
最大起飞重量	3969 千克
最大速度	317 千米/时
最大航程	1996 千米
爬升率	3.9 米/秒

机型特点

在售出 61 架塞斯纳 208 基本型飞机后，在 Federal Express 联邦快递公司的要求下研制的全货运型，没有舷窗，较基本型减少了右后门，增加了机腹货舱和排气装置。1986 年开始交付投入运营。塞斯纳 208 基本型也不断进行改良，塞斯纳飞行器公司于 2008 年 8 月将 Garmin G1000 玻璃仪表板列为塞斯纳 208 的标准配置。

美国塞斯纳 336/337 "天空大师" 小型飞机

塞斯纳 336/337 "天空大师" 是美国塞斯纳飞机公司研制的系列民用飞机，采用独特的双反轴螺旋桨，外销多国的民用市场。

性能解析

塞斯纳 336/337 系列的动力装置为 2 台欧陆 IO-360-C 发动机，单台功率为 157 千瓦。该系列小型飞机有便宜可靠的特点，所以不少预算吃紧的国家也将其当成军用小型运输机和侦察机使用。

机型特点

塞斯纳 336 是塞斯纳飞机家族的一个重要叛逆者，采用推挽式发动机配置，以消除一台发动机停车情况下的不对称操纵特性，该机型还采用了双尾桁尾翼布局。塞斯纳 336 于 1961 年 2 月 18 日首飞，1963 年中期开始量产，但很快就被改进了的塞斯纳 337 所取代。336 型交付 195 架，337 型交付 2798 架。

基本参数	
制造商	塞斯纳飞机公司
制造数量	2993 架
生产年限	1961—1982 年
机身长度	9.07 米
机身宽度	2.84 米
翼展	11.58 米
载客量	4 人
空重	1204 千克
最大起飞重量	2000 千克
最大速度	320 千米 / 时
最大航程	1553 千米
最大升限	5945 米
爬升率	6.1 米 / 秒

塞斯纳 336 是初始生产型，337 具有重新设计的机头，收放起落架，改良的后部发动机进气口，之后演变的 337B 可选装机腹货舱和涡轮增压发动机，337G 则拥有对开式舱梯门，更小的后窗，更大的螺旋桨。

美国塞斯纳 500/550/650 "奖状" 公务机

塞斯纳 "奖状" 系列是美国塞斯纳飞机公司研制生产的中小型商务喷气公务机，也是多用途的通用飞机。

性能解析

塞斯纳 500 型在机身尾部两侧安装吊舱式发动机，型号为普惠 JT15D-1A 涡轮风扇发动机。塞斯纳 550 型机身加长 1.14 米，翼展也加长，座位数增加到 10 个，航程和巡航速度也有所提高，换装推力更大的普惠 JT15D4 发动机。塞斯纳 650 型在外形上与早期 "奖状" 机型有较大区别，采用后掠式机翼和 T 形尾翼，翼展、机身均进行加长设计，安装加雷特 TFE731 涡轮风扇发动机。

基本参数	
制造商	塞斯纳飞机公司
制造数量	2000 架以上
生产年限	1969 年至今
机身长度	16.9 米
机身宽度	5.12 米
翼展	16.31 米
载客量	10 人
空重	5316 千克
最大起飞重量	10183 千克
巡航速度	881 千米 / 时
最大航程	4110 千米

机型特点

塞斯纳 500 是基本型，1968 年 10 月宣布将研制 8 座轻型双发喷气公务机，命名为风扇喷气 500，采用机身尾部两侧安装吊舱式发动机，使用普拉特 – 惠特尼公司 JT15D-1A 涡轮风扇发动机，原型机于 1969 年 9 月 15 日首飞，随后该型号飞机更名为 Citation（奖状），1971 年 9 月 9 日获得美国联邦航空局型号合格证，1971 年年底开始交付使用。

塞斯纳 550 是经批准，可以单人驾驶的改进型。塞斯纳 650 于 1990 年开始研制，安装了新型电子仪表，提高了飞机在高温、高原地区的运营性能，1992 年开始交付使用，1995 年 5 月停产，共生产 37 架。

美国"日蚀500"公务机

"日蚀500"是美国日蚀航空公司研发的世界上第一架获得认证的微型喷气式飞机。

性能解析

"日蚀500"是一种小型的双发动机涡轮喷气机，包括机师在内，可以搭载6人。它在设计上面临了一个重大的挑战——在体积很小的情况下保证性能卓越以及大型飞机的舒适性。"日蚀500"借鉴了汽车的设计理念，在外部和内部采用了统一的风格。该机具有高度机械化、高度自动化、构造合理的特点，就像一副成套的工具箱。它装配内部只需要2小时（传统喷气机需要3~6周），而整架飞机的装配，平均也只要4天（传统喷气机需要3个月）。

基本参数	
制造商	日蚀航空公司
制造数量	260 架
生产年限	2001—2008 年
机身长度	10.1 米
机身宽度	3.4 米
翼展	11.4 米
载客量	6 人
空重	1610 千克
最大起飞重量	2699 千克
最大速度	685 千米/时
最大航程	2084 千米
最大升限	12500 米
爬升率	1044 米/分

机型特点

"日蚀500"作为新一代的小型喷气式飞机，凭借它强有力的价格优势，将私人飞机的消费群体从少数富豪扩展到更广泛的人群。这种双涡轮喷气式飞机售价在100万美元以下，比起目前私人飞机市场上约400万美元的价格具有革命性的竞争力。"日蚀500"的价格优势来自发动机和电子器件的生产技术革新。日蚀公司CEO弗兰波说："我们采用了一种新型铝材料，我们创新性地将铝应用于加工、构架和叫作'摩擦焊接工艺'的新工序中。这能够使飞机更轻、更便宜、飞得更快，而且我们认为它更可靠。"在"日蚀500"上你根本看不到复杂的电路。一套高级数字系统将所有操纵器整合到了一起，让飞机更便于操纵。

美国 "湾流 I" 公务机

"湾流 I" 是美国格鲁曼公司研发生产的一款公务机。

性能解析

"湾流 I" 由 2 台配有四叶衡速螺旋桨的劳斯莱斯 Dart 涡轮螺旋桨发动机提供动力，加装伸缩式三轮起落架。客舱设计有 8~24 个座位（密度较高），不过通常 10~12 个座位最为常见。该机舱室前部加装水压空中旋梯，用以进出。

机型特点

基本参数	
制造商	格鲁曼公司
机身长度	19.43 米
机身高度	6.93 米
翼展	23.93 米
载客量	8~24 人
空重	9934 千克
最大起飞重量	15921 千克
巡航速度	560 千米 / 时
满载航程	2207 千米

"湾流 I" 的研制工作始于 1956 年，该机型用新的设计来取代战后剩余的双发活塞式飞机，后来被作为行政运输机使用。"湾流 I" 采用了宽大的机舱截面，并为实现高速巡航而采用了罗尔斯·罗伊斯公司达特涡轮螺旋桨发动机。"湾流 I" 于 1958 年 8 月 14 日首飞。由于未按正常程序进行，首飞过程中飞机故障，在空中燃油系统关闭，"湾流 I" 进行了紧急迫降。"湾流 I–C" 是 "湾流 I" 的加长型，仅制造了 5 架。"湾流 I" 于 1969 年停产，共生产 200 架，目前仍有超过 100 架的 "湾流 I" 在使用中。

"湾流 G200"是美国湾流飞机公司生产的双发超中型公务机，也是目前世界上最豪华的公务机之一。

性能解析

自问世以来，"湾流 G200"就在同级别公务机中保持着航程最远、客舱最大，以及在综合性能和价格方面最佳的口碑。"湾流 G200"宽敞的座舱可容纳 8~10 名乘客，即使身材高大的人员也可以轻松穿梭于舱内，且设计典雅高贵的座椅带来极致的飞行舒适感。

高达 4.2 立方米的行李存储空间和外部行李存储区足以满足所有乘客的需求。湾流公务机特有的椭圆形窗口可充分接受自然阳光，百分之百的新鲜空气系统，为乘客营造了一个舒适自然的空中环境。

基本参数	
制造商	湾流飞机公司
制造数量	250 架
生产年限	1997—2011 年
机身长度	18.97 米
机身宽度	6.53 米
翼展	17.7 米
载客量	8~10 人
空重	8709 千克
最大起飞重量	16080 千克
最大速度	900 千米 / 时
最大航程	6300 千米
最大升限	13700 米

机型特点

2001 年 6 月，通用动力公司控股银河宇航公司（前身为以色列飞机工业公司，1997 年在美国支持下成立）后，将该公司的银河 GALAXY、阿斯特拉 ASTRA 公务机加入湾流系列并重新命名为"湾流 100/ 200"，加大了湾流公务机的规模。"湾流 G200"属于超中型公务机，也是目前世界上最豪华的公务机之一。作为首款新一代超级中型喷气公务机，"湾流 G200"在 1999 年刚推出时便受到了全世界的广泛关注。

美国"湾流 G280"公务机

"湾流 G280"公务机是美国湾流飞机公司生产的一款超中型喷气式公务机。

性能解析

　　"湾流 G280"公务机在"湾流 G200"公务机的基础上进行了较大的改进设计，开始采用湾流机型常见的 T 形尾翼，加大、加宽机身，改善客舱舒适度，并选用高性能涡轮风扇发动机。"湾流 G280"公务机配备了带有真空功能的洗手间，这不仅减少了水资源的浪费，更能大幅度降低异味。

机型特点

　　"湾流 G280"公务机的客舱空间较大，有公务 8 人（Executive 8）、大众 9 人（Universal 9）和经典 10 人（Hallmark 10）3 种布局方式。舱内的空气净化系统能为乘客带来新鲜的空气，而19 扇大型舷窗为乘客的舱内办公和休闲带来充足的阳光。

基本参数	
制造商	湾流飞机公司
制造数量	115 架以上
生产年限	2009 年至今
机身长度	20.3 米
机身高度	6.5 米
载客量	10 人
空重	10954 千克
最大起飞重量	17960 千克
最大速度	1029 千米 / 时
最大航程	6667 千米
最大升限	13716 米

美国 "湾流 G650" 公务机

"湾流 G650" 公务机是美国湾流飞机公司生产的一款喷气式公务机。

性能解析

　　"湾流 G650" 公务机有 2 名机组人员，客舱空间较同类飞机更长、更宽，可同时容纳 18 名乘客。该机配备了厨房和独立通风的洗手间，舱内气压适宜，即使在高空中，乘客感觉也会相当舒适。"湾流 G650" 公务机还有多种娱乐设计，包括卫星电话、无线上网等，为乘客提供了丰富多彩的飞行环境。

机型特点

　　为了使内部空间更为充裕，湾流飞机公司将 "湾流 G650" 公务机的机身截面设计成椭圆形，而非传统的圆形。其客舱宽约 2.59 米，高约 1.96 米，两侧共有 16 个舷窗。机舱由金属制造，而尾翼、翼梢小翼、后压力舱壁、发动机整流罩、客舱地板结构则大量采用复合材料制造。

基本参数	
制造商	湾流飞机公司
制造数量	355 架以上
生产年限	2008 年至今
机身长度	30.41 米
机身高度	7.72 米
翼展	30.36 米
载客量	19 人
空重	27442 千克
最大起飞重量	45178 千克
最大速度	982 千米 / 时
最大航程	12964 千米
最大升限	15545 米

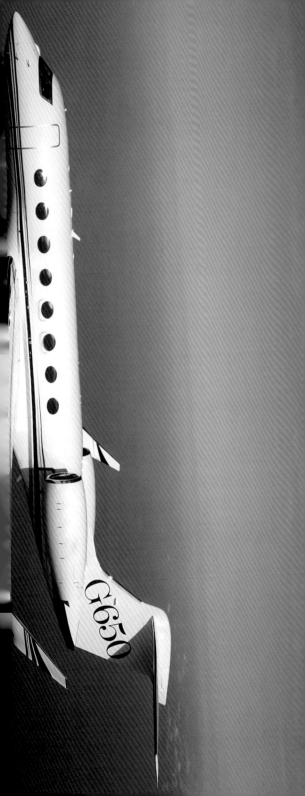

美国 SR22 私人小型飞机

SR22 是美国西锐飞机公司设计生产的小型飞机，号称"空中宝马"，是全球最为畅销的小型飞机之一。

性能解析

SR22 的最大亮点是装备了"西锐整机降落伞系统"。一旦出现特殊情况，打开降落伞，飞机可以安然着陆，舱内人员不用跳伞。SR22 可以在 200 米低空飞行，也可以飞到海拔 8000 米的高空，最大飞行距离为 2000 千米。该机出厂价约 60 万美元被认为是性价比较高的飞机。

机型特点

1994 年，西锐将公司总部迁往明尼苏达州的德鲁斯市，并开始设计开发一款 4 座、单发、复合材料的飞机——SR20。在 SR20 强大飞行品质的基础上，西锐继续提高飞机的飞行速度和性能，创造了西锐的第二代机型——SR22。

SR22 是西锐设计公司研制生产的一款高性能单发 4 座复合型飞机。相比SR20，SR22 的机翼和燃油容量更大，动力也更为强劲，达到了 228 千瓦。该机型在 2000 年获得 FAA 的型号许可证，一直以来都是全球最为畅销的单发 4座飞机。2007 年 4 月，SR22 的第三代机型（SR22-G3）面世，它共进行了接近 700 项革新和系统改进，也代表了西锐成立以来，在飞机的设计研发和工程制造方面的最高水平。

基本参数	
制造商	西锐飞机公司
生产年限	2001 年至今
机身长度	7.9 米
机身宽度	2.6 米
翼展	11.7 米
载客量	4 人
空重	1009 千克
最大载重	533 千克
巡航速度	339 千米 / 时
最大航程	2000 千米
最大升限	5334 米

美国亚当 A500 公务机

亚当 A500 是美国亚当飞机公司研制的一款公务机。

性能解析

飞机由 2 台欧陆 TSIO-550-E 的活塞式发动机推进。机身由复合材料制造，拥有座舱增压功能，可搭载 5 名乘客以 407 千米 / 时的巡航速度飞行 2392 千米。

机型特点

亚当 A500 的机身前半部分与常规的小型通航飞机相似，发动机位于机头，机身两侧各有三扇圆形舷窗。再往后，A500则和其他飞机有很大区别。在客舱后部，装备了该机的第二台发动机，机身两侧各伸出一个类似于赛车发动机的长方形进气口，用于汲取空气，为发动机进行冷却。

在机翼上，A500 的机翼要大于同类的通航飞机，但机翼很窄，翼形修长。2 个尾撑延长到机尾，用一个宽大的高置水平尾翼连接。高置的水平尾翼既拥有高效的气动效果，又提高了该机的整体机身强度。亚当 A500 使用了前三点可收放起落架，前起落架可收于机身，后起落架收在尾撑内，后轮间较大的宽度使得飞机降落更加平稳。

基本参数	
制造商	亚当飞机公司
机身长度	11.43 米
机身高度	2.92 米
翼展	13.41 米
载客量	5 人
空重	2427 千克
巡航速度	407 千米 / 时
满载航程	2392 千米

美国亚当 A700 公务机

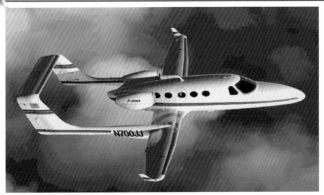

亚当 A700 是亚当飞机公司设计生产的一款公务机。

性能解析

亚当 A700 现代化的设计和复合材料结合高效的涡扇引擎开创了公务机旅行的新时代，拥有本级别飞机中最宽敞的座舱和灵活的即装即用功能，客户可以选择 6 座 + 完整后部洗手间配置、7 座 + 后部小洗手间配置或载客量最大的 8 座配置。座舱内的储物间位于机组座椅的后方、洗手间的外部。包括一些大件行李，如 4 套高尔夫球杆，都可以放置在座舱前部隔间内。

基本参数	
制造商	亚当飞机公司
机身长度	12.42 米
机身高度	2.93 米
翼展	13.41 米
载客量	6~8 人
空重	2523 千克
最大起飞重量	4250 千克
巡航速度	612 千米 / 时
满载航程	2646 千米

机型特点

亚当 A700 超轻型喷气机的机载设备包括 Garmin 430 组件（包括 1 个飞行员显示器和 1 个副驾驶多功能显示器）以及 Avidyne 公司的 Entegra I 型系统。A700 的后期生产型还可能安装 Entegra II 型综合航空电子系统，Entegra II 由无线电台、数字式飞行导航系统以及 3 块显示屏组成。飞机的动力装置为威廉姆斯国际公司的 FJ33-4A 涡扇发动机。FJ33-4A 涡扇发动机的中期检查时间为 1750 小时，大修时间为 3500 小时。亚当 A700 喷气机凭借其独特的性能和舒适性以及低成本改变了超轻型喷气机公务机的定位。

美国 PA-31 系列公务机

PA-31 是美国派珀飞机公司研制的通用航空飞机，可作为公务机或支线客机使用。

性能解析

PA-31 系列公务机机翼采用悬臂式下单翼，全金属结构。机翼在中心线处由厚钢板对接，主梁前由埋头平铆钉铆接，在机身与发动机短舱之间的翼根部分的前缘向前延伸，玻璃钢翼尖，补偿副翼与方向舵联动，右副翼有配平调整片，电操纵襟翼，可选装气囊式除冰系统。机身为全金属半硬壳式结构。尾翼采用悬臂式全金属结构，垂尾带后掠，方向舵和右升降舵有配平调整片，可选装气囊式除冰系统。

基本参数	
制造商	派珀飞机公司
制造数量	3942 架
生产年限	1967—1984 年
机身长度	10.55 米
机身高度	3.96 米
翼展	12.4 米
载客量	6 ~ 9 人
空重	1915 千克
最大起飞重量	3175 千克
巡航速度	320 千米/时
满载航程	1761 千米

机型特点

派珀 PA-31 在全球有近 4000 种变异机型。派珀酋长是"派珀"家族系列的最新旗舰产品，拥有强大的发动机、6 个机舱窗户，拉长的机身和更大的舱门。派珀 PA-31 也被称为"纳瓦霍"。双涡轮螺旋桨发动机使其适合并常用于紧急短途货运。这款飞机的另一版本称为"土司"，比纳瓦霍能多负载 200 千克，总负荷量可达 700 千克。

俄罗斯别-103 通用飞机

别–103（Be-103）通用飞机是由俄罗斯别里耶夫航空科技联合体和加加林航空生产联合体共同研制生产的轻型多用途水陆两用飞机。

性能解析

别–103 通用飞机的座舱是根据现代化要求设计的，其配置保障了乘客最大限度的舒适性，同时也能进行快速改装，以适应不同的货物装载要求。座舱内配有空调系统。飞行员为 1 人或 2 人，客运可搭载 4~5 名乘客，货运可运送 400 千克货物。

机型特点

别–103 通用飞机可用于执行多种任务，如客货运输、行政公务联络、紧急医疗救护、抢险救援、邮递、水面生态监测（必要时可着水采集水样）、航空照相、商业旅游以及用于森林保护区、海上边界、经济区的巡逻等。

基本参数	
制造商	别里耶夫航空科技和加加林航空生产联合体
生产年限	2003 年至今
机身长度	10.7 米
机身高度	3.7 米
翼展	12.5 米
载客量	5 人
空重	1730 千克
最大起飞重量	2270 千克
最大速度	235 千米/时
最大航程	845 千米
最大升限	5000 米

俄罗斯别 –200 通用飞机

别 –200 通用飞机是由俄罗斯别里耶夫航空科技联合体研制并生产的一款多用途水陆两用飞机。

性能解析

别 –200 通用飞机有 2 名机组人员，客运型上设备齐全，有厨房、盥洗室和行李间，客舱中央有通道，每排 4 个座位，排距为 75 厘米，最多可载 72 名乘客。货运型的货舱长 17 米、宽 2.6 米、高 1.9 米，可运输 7~8 吨各种货物。货运型的货舱内安装 9 个货盘，其最大载荷 7500 千克，或安装 9 个特种货盘，最大载荷 6850 千克。

机型特点

别 –200 通用飞机采用悬臂式后掠上单翼，展弦比较大，翼尖装有翼梢小翼。尾翼为 T 形，采用常规的方向舵和升降舵设计。机身为全金属半硬壳结构，底部为船体设计，起落架为前三点式，前、主起落架均为双轮式。

基本参数	
制造商	别里耶夫航空科技联合体
制造数量	17 架
生产年限	2003 年至今
机身长度	32 米
机身高度	8.9 米
翼展	32.8 米
载客量	72 人
空重	27600 千克
最大起飞重量	37900 千克
最大速度	700 千米 / 时
最大航程	3300 千米
最大升限	8000 米

乌克兰安 –2 通用飞机

安 –2 通用飞机是由苏联安东诺夫设计局研制的一款单发双翼飞机，其用途非常广泛。

性能解析

安 –2 通用飞机的机身中段是 1 个 4.1×1.6×1.83 立方米的货舱，可装载 1500 千克的货物或运送 10~14 名旅客或伞兵，也可以安装农药喷洒设备，药罐容积为 1400 升。由于安 –2 通用飞机的飞行速度较慢，对降落场地的要求较低，因此能使用跑道较短及设备较差的机场。此外，部分特制型号更能适应严寒或其他恶劣环境。

机型特点

安 –2 的基本型是小型运输机，可在较小的简易跑道起降。该机还可作为搭载 12 名乘客的简易旅客机，以及用作农业机、医疗救护机、联络机等，在护林防火、地质勘探、跳伞员训练等方面也能发挥作用。

基本参数	
制造商	安东诺夫设计局
制造数量	18000 架
生产年限	1949—2001 年
机身长度	12.4 米
机身高度	4.1 米
翼展	18.2 米
载客量	12 人
空重	3300 千克
最大起飞重量	5440 千克
最大速度	258 千米 / 时
最大航程	845 千米
最大升限	4500 米

加拿大"挑战者"系列公务机

"挑战者"是加拿大庞巴迪宇航集团研制的双发喷气式公务机，前身是利尔飞机公司的"利尔星600"。

性能解析

以"挑战者"系列中的大幅改进型CL-604为例，该型号装有通用电气公司的CF34-3B1涡轮风扇发动机，采用了柯林斯公司的全套机载设备和新的起落架及防滑系统，并加强了尾翼，增加了载油量和起飞重量。CL-604除了2名驾驶员以外，最多可以安排19个座位。它具有的低油耗性能，使其既适合短程公务飞行，又具备跨洋飞行的灵活性。

基本参数	
制造商	庞巴迪宇航集团
生产年限	1980 年至今
机身长度	20.85 米
机身宽度	6.3 米
翼展	19.61 米
载客量	19 人
空重	9292 千克
最大起飞重量	19550 千克
最大速度	882 千米 / 时
最大航程	6236 千米
最大升限	12500 米
爬升率	1355 米 / 分

机型特点

"挑战者604"公务机是我国国内目前航程最远、性能最优、客舱最宽敞、舒适性最好的公务机，由加拿大庞巴迪宇航公司生产，在我国属首次引进。山东的山航订购了4架"挑战者604"公务机，主要为国内外的企业或商界领袖、政界、社会知名人士等提供高档次的公务包机服务。"挑战者604"不仅是国内顶级公务机，在整个亚太地区也属于领先机型。宽敞的客舱可乘坐12~14人，为国内之最。精美典雅的吧台、可旋转平放的豪华真皮座椅、先进的视听放映系统等使乘客倍感舒适。机上卫星通信电缆可随时保持空中通信全球通，是名副其实的空中办公室。

加拿大"环球快车"系列公务机

"环球快车"是加拿大庞巴迪宇航集团研制的豪华公务机系列，主要有 Global 5000、Global Express、Global Express XRS、Global 7000 和 Global 8000 等型号。

性能解析

"环球快车"可不经停加油执行洲际航程（如纽约至东京），或大多只停一站即可来往世界上任意两地。在这一层级的市场，"环球快车"的竞争对手是空中客车公务机、波音公务机、达索猎鹰 7X 和湾流 G550。

"环球快车"拥有先进的全新超临界机翼（后掠角 35°并加装翼尖小翼），以及一个新的 T 形尾翼。飞机由 2 台具有全权限数字电子控制的劳斯莱斯 BR710 涡轮风扇发动机驱动。

基本参数	
制造商	庞巴迪宇航集团
生产年限	1993 年至今
机身长度	29.5 米
机身宽度	7.7 米
翼展	28.65 米
载客量	19 人
最大起飞重量	42071 千克
最大速度	950 千米/时
最大航程	9360 千米
最大升限	15000 米

机型特点

在超大型公务机中，庞巴迪"环球快车 5000"飞机拥有最宽敞的客舱空间，它动力强劲、功能全面、出色地将速度、性能和卓越的客舱效率融为一体。这款超大型公务机拥有出众的短距起降性能和跨大陆飞行的能力，较之同类产品，它能够用更快的速度将乘客送达更多地方。最舒适、最具"商务风格"的客舱，让乘客的公务飞行尽享奢华气派。

此外，另一型号庞巴迪"环球快车 8000"不仅是全世界飞得最远的飞机，同时也是全球燃油效率最高、最环保的公务机之一。

英国肖特 330 通用飞机

肖特 330（Short 330）通用飞机是英国肖特兄弟公司研制的一款双发涡轮螺旋桨小型飞机。

性能解析

肖特 330 通用飞机的驾驶舱设 2 名机组人员，客舱内标准布局为 30 座，座椅分 10 排，每排 3 座，排距 76 厘米，中间设较宽的过道。座椅安装在客舱地板上的轨道上，以利于改变座舱布局。厨房、厕所和客舱服务员座椅设在客舱后部。机头行李舱容积 1.27 立方米，后部行李舱容积 2.83 立方米，每个行李舱都有外部进口，总行李装载量为 500 千克。

机型特点

肖特 330 通用飞机采用斜撑杆式直线形上单翼、方形截面梯形机身、双尾翼，两侧机翼各有 1 台五桨叶涡轮螺旋桨发动机。

基本参数	
制造商	肖特兄弟公司
制造数量	141 架
生产年限	1974—1992 年
机身长度	17.69 米
机身高度	4.95 米
翼展	22.76 米
载客量	30 人
空重	6680 千克
最大起飞重量	10387 千克
最大速度	350 千米 / 时
最大航程	1695 千米
最大升限	6100 米

法国"猎鹰900"公务机

"猎鹰900"是法国达索公司研制的一款公务机,其设计源自"猎鹰50"。

性能解析

相比"猎鹰50"而言,"猎鹰900"主要是增大了飞机尺寸和最大航程,两侧各有12个舷窗,最多可载客19人。此外,该机以下特点:后掠式下单翼,翼形为梯形,台霍尼韦尔TFE731-60发动机,2台在机身后部两侧,1台在垂直尾翼基部。

机型特点

"猎鹰900"在研制过程中应用了计算机辅助设计与制造技术,机体结构大量采用碳纤维

基本参数	
制造商	达索公司
制造数量	378 架
生产年限	1984 年至今
机身长度	20.2 米
机身高度	7.6 米
翼展	19.3 米
载客量	19 人
最大起飞重量	20640 千克
巡航速度	891 千米 / 时
满载航程	7056 千米

和 Kevlar 复合材料。机翼采用悬臂式下单翼,常规轻合金双梁抗扭盒形结构。手操纵全翼展前缘缝翼,液压操纵双缝式碳纤维襟翼和副翼,两侧机翼的襟翼前均有 3 块减速板,玻璃钢翼尖整流罩,前缘由发动机引气防冰。与"猎鹰50"相比,机身蒙皮加厚以减少隔框数量。尾翼为悬臂式结构,平尾安装在垂尾中部,带下反角。平尾安装角可由驾驶员操纵装在驾驶盘上的"正常状态猎鹰控制器或装在脚蹬上的"紧急状态控制器进行调节。方向舵下部的垂尾后缘部分及机身尾锥由芳纶材料制成,其余为全金属结构。方向舵及升降舵均为液压操纵。

法国"猎鹰2000"公务机

"猎鹰2000"是法国达索公司制造的双发远程宽体公务机,系"猎鹰900"公务机的直系后代。

性能解析

与"猎鹰900"相比,"猎鹰2000"在外观上最明显的改变是增大了机身后部的面积。"猎鹰2000"采用后掠式下单翼,中置水平尾翼,机身后部两侧安装2台霍尼韦尔TFE731型涡轮风扇发动机,机身两侧每侧10个舷窗。除了基本生产型外,"猎鹰2000"还有另外两种衍生型:"猎鹰2000DX",减少载油量,缩短了航程;"猎鹰2000EX",增大了航程,装载新型PW308C涡轮风扇发动机和航空电子设备。

基本参数	
制造商	达索公司
机身长度	20.2米
机身高度	7.06米
翼展	21.4米
载客量	8人
最大起飞重量	19100千克
巡航速度	809千米/时
满载航程	7538千米
起飞所需跑道长度	1702米
降落所需跑道长度	814米

机型特点

"猎鹰2000"衍生型"猎鹰2000EX"驾驶更方便,内部的装潢也更豪华。飞机上装备有大号沙发床、整体厨房、浴室、DVD播放机、电话、传真等,甚至还能无限宽带上网。

法国"猎鹰7X"公务机

"猎鹰7X"由法国达索公司制造,采用当今世界上喷气式公务客机中的最先进技术,可谓全新定义了新时代公务机型所应具备的性能标准。

性能解析

"猎鹰7X"曾获得2009年"优秀设计"奖(1950年由建筑师埃罗·沙里宁等人设立),内饰设计非常优秀。先进的静音技术使得客舱的噪声始终保持在50分贝以下。这项尖端技术的首次应用大幅提高了乘坐的舒适度和愉悦感。先进的温度检测系统令整个客舱内温度始终维持在乘客需要的温度,使得每个乘客备感舒适。

"猎鹰7X"在公务航空领域为客户提供最舒适的内部空间,可以完全根据客户的需求定制客舱。该机的多媒体配置琳琅满目,电脑、传真机、电话、复印机、录像显示器和会议设备使每位乘客无论是进行商务活动还是享受娱乐消遣都能得心应手。"猎鹰7X"配置3台普惠加拿大公司PW307A涡扇喷气发动机,每台额定推力为20.52千牛。

基本参数	
制造商	达索公司
制造数量	149架以上
生产年限	2005年至今
机身长度	23.19米
机身宽度	7.86米
翼展	26.21米
载客量	14人
空重	15456千克
最大起飞重量	31750千克
最大速度	953千米/时
最大航程	11000千米
最大升限	14935米

机型特点

"猎鹰7X"飞机主客舱内设计十分奢侈豪华,采用英国上好的皮质座椅、高档地毯,区分出3个与飞机前部操作区域完全隔离的独立乘客区,为尊贵的乘客提供更为私密的工作空间与私人休息空间。飞机内部全部是在法国手工设计和制造,但是飞机内部的安装是在阿肯色小石城完成的。"猎鹰7X"运用了"声学静化技术",极大地降低了在飞行中常见的噪声。它是猎鹰制造过的相对最为安静的飞机,乘坐它即可享受最安静舒适的商务旅行。

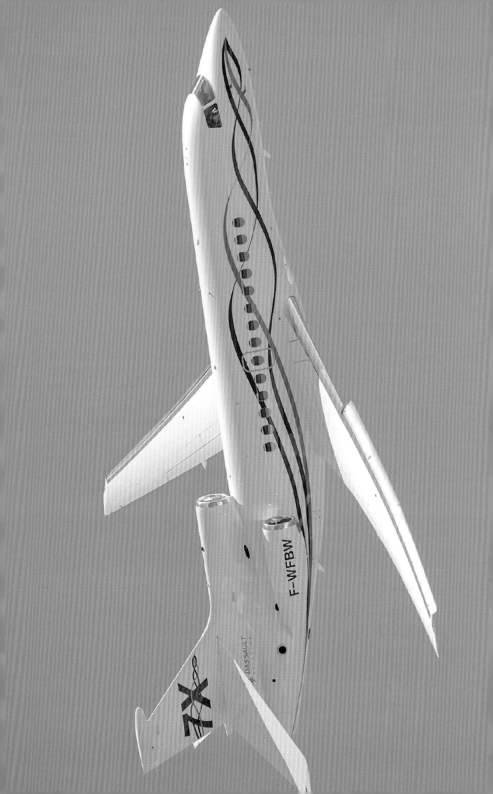

巴西 EMB-121 "新谷"公务机

EMB-121 "新谷"是 20 世纪 80 年代由巴西航空工业公司研制的一款新型公务机。

性能解析

20 世纪 80 年代,以美国为首的西方国家航空技术突飞猛进,三引擎飞机被逐渐淘汰,取而代之的是双引擎飞机。巴西航空工业公司引进了一些美国新型航空技术,打算研制一种新型公务机。

经过一段时间的研发设计,一款新公务机诞生了,即 EMB-121 "新谷"公务机,性能比巴西航空工业公司此前研制的公务机更佳,并采用了当时巴西顶尖的发动机。

基本参数	
制造商	航空工业公司
制造数量	106 架
生产年限	1977–1987 年
机身长度	12.25 米
机身高度	4.84 米
翼展	14.05 米
载客量	9 人
空重	3500 千克
最大起飞重量	5670 千克
巡航速度	466 千米/时
满载航程	2278 千米

机型特点

巴西 EMB-121 "新谷"公务机是直线形下单翼,机翼上安装了 2 台普惠公司 PT6A 涡轮螺旋桨发动机,采用三桨叶或四桨叶螺旋桨;后掠式 T 形尾翼,大型背鳍,梯形水平尾翼。"新谷"I 是初始生产型,"新谷"II 是改进型,装载了功率更大的 PT6A 发动机,增加了座位和载油量。还有一些军用改型,比如,为法国研制的用于训练和联络的飞机,以及为巴西空军研制的 VU-9 飞机。

巴西莱格赛 650 公务机

莱格赛 650 是巴西航空工业公司设计生产的大型喷气式公务机。

性能解析

采用标准布局的莱格赛 650 可搭载 13 名乘客，其客舱采用顶级内饰布置，气氛静谧，内设皮革座椅、沙发椅、文件柜和用餐会议两用桌。该款飞机还配有 1 间宽敞的厨房，可准备冷热餐。

莱格赛 650 有 1 间位于后舱的宽裕的盥洗室衣柜、储藏间和 1 套配备了 DVD 播放机和卫星通信设备的娱乐系统。莱格赛 650 还有高速数据传送斯维福特宽带设备和高保真技术供选装，方便乘客在飞行中轻松浏览互联网、收发邮件和传送文件，既能享受更多的娱乐功能，还可节省时间提高工作效率。莱格赛 650 还配有 1 个大型行李舱，在飞行途中可轻松进出。

基本参数	
制造商	航空工业公司
生产年限	2011 年至今
机身长度	26.33 米
机身宽度	6.76 米
翼展	21.17 米
载客量	13 人
空重	16000 千克
最大起飞重量	22500 千克
最大速度	834 千米 / 时
最大航程	6060 千米
最大升限	12496 米

机型特点

莱格赛 650 公务机能够依托其先进技术、乘坐舒适性和高生产效率为用户提供更加高效便捷的航空出行。

巴西"飞鸿100"公务机

"飞鸿100"是巴西航空工业公司设计制造的轻型公务机。

性能解析

　　"飞鸿100"公务机宽敞和舒适的内饰是由巴西航空工业公司与宝马集团美国设计工作室合作设计的。超级舒适度、出众的性能以及低成本运营等是在设计时考虑的主要因素。

　　"飞鸿100"为飞行员和乘客提供的舒适和时尚是在其他飞机上所看不到的。宽阔的机窗以及充足的空间使得舱内环境更加休闲、和谐。客舱内配备的一个橱柜或是茶点室，位于后舱的私人卫生间，以及卫星通信设施都极大地满足了乘客的需求。该飞机驾驶舱操作方便，整体飞行品质优异，即使是单人驾驶也无任何障碍。

基本参数	
制造商	航空工业公司
制造数量	269 架以上
生产年限	2007 年至今
机身长度	15.9 米
机身宽度	5 米
翼展	16.2 米
载客量	9 人
最大起飞重量	7951 千克
最大速度	834 千米/时
最大航程	3650 千米
最大升限	13716 米

机型特点

　　巴西航空工业公司于2005年正式启动"飞鸿100"项目，该型飞机是入门级喷气公务机中最舒适的一款机型。"飞鸿100"喷气公务机是同级飞机中的最优产品。易于操作的驾驶舱和温和稳定的飞行品质使其支持单驾驶员飞行。秉承巴西航空工业公司一贯出色的工程设计，"飞鸿100"具有高可用性和高实用性的优势。该飞机配备了具有防滑功能的电传刹车系统，增加了安全和可靠性。

巴西"飞鸿300"公务机

在"飞鸿100"公务机进行研发的同时，巴西航空工业公司也开始了"飞鸿300"的设计工作。

性能解析

"飞鸿300"所采用的客舱布局最多可搭载9名乘客。容积达2.15立方米的超大行李舱可以方便地存放行李、高尔夫球具包和滑雪用具。动力装置为2台普惠加拿大公司的PW535E型引擎。该机以0.78马赫的最大速度飞行时，能够达到13700米的飞行高度。"飞鸿300"还装有防滑功能的标准线传刹车系统，增加了安全性和可靠性。

基本参数	
制造商	航空工业公司
制造数量	117架
生产年限	2008年至今
机身长度	15.9米
机身宽度	5.1米
翼展	16.2米
载客量	9人
最大起飞重量	8000千克
最大速度	850千米/时
最大航程	3700千米
最大升限	13700米

机型特点

在那些因地处高温或高海拔地区而设有诸多限制的机场执飞时，"飞鸿300"的航程远高于预定目标，譬如在美国科罗拉多州阿斯彭运行时，飞机可在最大起飞重量下起飞，并实现其最大航程。与此同时，"飞鸿300"的爬升性能也超出预期：在最大起飞重量条件下，飞机自海平面高度上起飞后仅在26分钟内就可爬升至13700米的飞行高度。"飞鸿300"选用了普惠加拿大公司的2台节油性能优异的PW535-E发动机，其耗油率比最初预计的低6%。

意大利比亚乔 P180 公务机

比亚乔 P180 是意大利比亚乔公司设计生产的公务机，以意大利语"前进"命名。

性能解析

比亚乔 P180 低运营成本、低碳排放，但却拥有卓越的性能及客舱舒适性。使用的突破性的机身设计以及推进系统使其获得了比某些私人喷气机更快的航速、更远的航程以及更高的燃油效率。通过采用三组机翼以及 1 对后置推进式涡桨发动机的设计，P180 在每小时消耗 370 升燃油的情况下能达到最高 750 千米 / 时的速度。

基本参数	
制造商	比亚乔公司
机身长度	14.41 米
机身高度	3.97 米
翼展	14.03 米
载客量	7~11 人
空重	3400 千克
最大起飞重量	5239 千克
最大速度	750 千米 / 时
满载航程	2795 千米

这样的油耗对汽车来说或许很高，但对飞机来说是十分低的。P180 的内饰设计高雅而又精致，为乘客的飞行体验提供了极致的享受。在配有 2 名飞行员的情况下机舱能够容纳 7~9 名乘客，最多可以为 11 名乘客提供舒适的乘机环境。

机型特点

比亚乔 P180 配备 2 台加拿大普惠公司所出品的 PT6A-66B 喷射发动机，噪声值小。这是一款世界绝无仅有的公务飞机，其拥有高科技的整合航电系统，宽阔的客舱，豪华的内饰，可爱的外观，流露着地中海式的浪漫气息。比亚乔 P180 还是世界上唯一可以使用法拉利标志的飞机，因此成为传奇车王舒马赫的出行选择。

Chapter 04

民航客机

　　民航客机是指体型较大、载客量较多的集体飞行运输工具，用于来往国内及国际商业航班。民航客机一般由航空公司运营，主要分为干线客机和支线客机。目前，世界上最大的客机生产商包括波音公司、空中客车公司、庞巴迪公司和巴西航空工业公司等。

美国波音707民航客机

　　波音707是世界上第一架在商业上取得成功的喷气式民航客机。凭借该机的成功，美国波音公司执掌民航机生产牛耳接近半个世纪。

性能解析

　　波音707是能够横越大西洋的大型客机，今天所有民航客机都有的后掠翼、下挂发动机最先在此机上出现。波音707的操作成本比当时的活塞发动机飞机低得多，这是它取得成功的最主要原因。波音707的乘客量约为219人（经济、商务两级）或258人（一级），主要市场是长途主干线。

机型特点

　　包括美国在内的不少国家的空军购买了军用型波音707或对B707进行改装，主要用于军事运输、空中加油、电子作战、预警。E-3系列预警机是波音707数量最多的军用改型，外观上与民用型有很明显的区别，在机身中部上方安装了1个巨大的雷达天线罩。此外，机内加装了相关的大量电子设备，配备AWACS机载预警与控制系统，能成为在作战战区中的指挥和通信中心，1977年开始投入使用。

基本参数	
制造商	波音公司
制造数量	1010架
生产年限	1958—1979年
机身长度	46.61米
机身宽度	3.76米
翼展	44.42米
载客量	219~258人
空重	66406千克
最大起飞重量	151320千克
巡航速度	972千米/时

美国波音 717 民航客机

波音 717 是波音公司最小型的双发动机喷气式民航客机，是专门针对短程航空客运市场而设计的。

性能解析

波音 717 主要用于短程高频率的航线，具有许多支线飞机的特性，其结构简单、重量轻，不需要长跑道和大型空港设备，它自带客梯和货物装卸系统（选装设备），不需要地面支援设备，加油时也不用升降机和梯子。该机配备 2 台劳斯莱斯 BR715 发动机，采用每排 5 座的布局。公务舱与经济舱之间的隔板可以移动，使航空公司能很快地对客舱座位进行调整。该机最大的问题是与波音其他机型没有共通性，无法使用共同的驾驶舱配置或系统配置。

机型特点

最早使用波音 717 的航空公司对于该款飞机的可靠性相当满意，乘客也偏好该型飞机，于是航空公司下了更多的订单。与 BAe 146 相比，波音 717 更加宽敞，有较高的航速及较低的营运成本，还有极高的派遣可靠度与低廉的维修成本。

基本参数	
制造商	波音公司
制造数量	156 架
生产年限	1998—2006 年
机身长度	37.8 米
机身宽度	3.34 米
翼展	28.47 米
载客量	117 人
空重	31674 千克
最大起飞重量	54900 千克
巡航速度	917 千米/时
满载航程	3815 千米

美国波音 727 民航客机

波音 727 是波音公司研制的三发中短程民航客机，投产期间是美国国内航空的主力机种，也是中短程国际航线机种。

性能解析

波音 727 的机身大致沿用波音 707 的设计，但机身下半部分比波音 707 深 3 米。此举除了降低开发成本，更使 2 种机型有零件共通性，而且拥有比当时其他同级飞机更宽阔的机舱空间。波音 727 装有 3 台普惠 JT8D 涡轮风扇发动机，全部放置在飞机尾部。波音 727 还设有辅助动力系统，不用外接机场地勤的发电机即可自动为飞机提供所需的电源。

基本参数	
制造商	波音公司
制造数量	1832 架
生产年限	1963—1984 年
机身长度	46.7 米
机身高度	10.3 米
翼展	32.9 米
载客量	189 人
空重	45360 千克
最大起飞重量	95028 千克
巡航速度	953 千米 / 时
满载航程	4450 千米

机型特点

波音 727 装备低涵道比涡轮风扇喷气式发动机，降低了油耗，提高了中短程航线运营的经济性。基本满足了中短程航线的客货运输的需求。但是，波音 727 有着先天的缺点，限制了它的发展。这包括它使用后挂引擎式设计，使它不能使用体积较大的高涵道比涡轮风扇发动机。另外，3 人式的驾驶舱（正、副机长及飞行工程师）也在 20 世纪 70 年代被双人式驾驶舱取代，若 727–300 型改为 2 人操作设计，便会与 727–100/ 200 型无法互通。

美国波音 737 民航客机

波音 737 是波音公司生产的双发中短程喷气式民航客机，堪称民航历史上最成功的窄体民航客机系列。

性能解析

波音 737 在最初设计上尽量多地采用波音 727 的部件和装配件，以降低其生产成本和价格。与过去的波音飞机不同，波音 737 在机身蒙皮内铰接有格形加强板，每排连接件处的蒙皮为双层，以改进机身的疲劳特性。设计之初，波音 737 就已确立只需正、副驾驶 2 人的驾驶舱操作方式。机翼采用悬臂式中单翼。飞机航程较短，巡航速度和高度有限，因此采用

基本参数	
制造商	波音公司
制造数量	7500 架以上
生产年限	1967 年至今
机身长度	42.1 米
机身宽度	3.76 米
翼展	35.7 米
载客量	215 人
空重	44676 千克
最大起飞重量	85130 千克
巡航速度	823 千米 / 时
满载航程	5925 千米

大翼载和较小后掠角。波音 737 翼下吊挂 2 台发动机，其中 737–100/ 200 使用普惠 JT8D 发动机，而之后的型号都使用通用电气 CFM56 发动机。

机型特点

波音 737 自投产以来被称为民航史上最成功的单通道民航客机系列。2000 年 1 月，波音 737 成为历史上第一种累计飞行超过 1 亿小时的飞机。截至 2007 年，波音 737 系列的所有机型已获得 7000 多份订单，在民用航空史上，其他任何机型都未曾在销量方面获得如此巨大的成功。

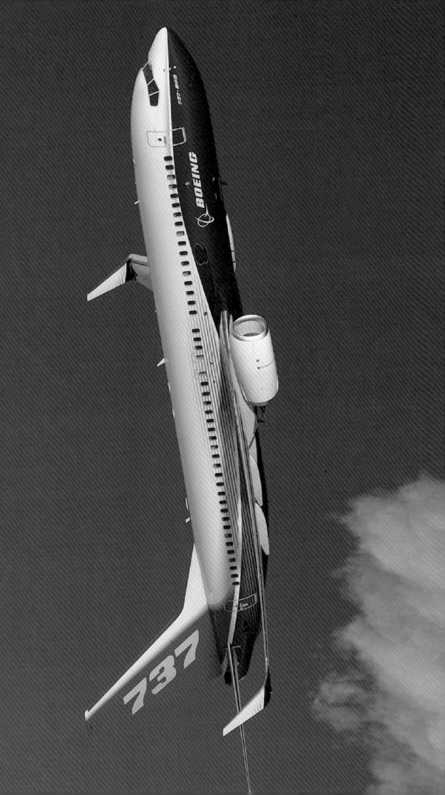

美国波音 747 民航客机

波音 747 是波音公司在美国空军的主导下推出的大型商用宽体客 / 货运输机，也是世界上第一款宽体民用飞机。

性能解析

波音 747 是一种双层、宽体、双通道、四发动机的飞机，采用普通半硬壳式结构、悬臂式下单翼。该机采用 2 层客舱的布局方案，驾驶室置于上层前方，之后是较短的上层客舱。驾驶舱带 2 个观察员座椅。公务舱在上层客舱，头等舱在主客舱前部，中部可设公务舱，经济舱在后部。主客舱地板下为货舱。该机拥有 4 套液压系统、多重结构备用装置、18 个机轮，即使在机轮爆胎时，也能确保飞机顺利滑行。

基本参数	
制造商	波音公司
制造数量	1500 架以上
生产年限	1968 年至今
机身长度	76.4 米
机身高度	19.4 米
翼展	68.5 米
载客量	524 人
空重	185972 千克
最大起飞重量	439985 千克
巡航速度	988 千米 / 时
满载航程	15000 千米

机型特点

自波音 747 飞机投入运营以来，一直是全球最大的民航机，垄断着民用大型运输机的市场。当超音速客机的问世及持续发展，部分业界人士估计波音 747 将会慢慢退役。但到了 1993 年，波音 747 订单超过 1000 架使他们的期望落空了。直到 2009 年 1 月，波音 747 共生产了 1412 架，另外有 112 架订单；波音 747 最新型号是 747-8，在 2011 年投入服务。

美国波音 757 民航客机

波音 757 是波音公司研发的中型单通道窄体民航客机，用以替换波音 727，并在客源较少的航线上作为波音 767 的补充。

性能解析

波音 757 采用双发动机（劳斯莱斯 RB211 或普惠 PW2000）、双人操作的驾驶室，以及传统的垂直尾翼。波音 757 拥有窄体客机中最大的航程，在满载乘客的情况下可飞行超过 7200 千米，其载客量比 727 多 50 人，有利于提升经济效益。

该机的性能非常优良，因其较快的爬升速度而被称为"火箭飞机"，在最大起飞重量的情况下，波音 757 能比其他商业客机以更短的时间爬升至 13700 米。不过，波音 757 必须要有 75% 或以上的载客率，才可以使航班盈利，因此其只能使用于高密度航线。

基本参数	
制造商	波音公司
制造数量	1050 架
生产年限	1982—2005 年
机身长度	47.32 米
机身宽度	3.76 米
翼展	38.05 米
载客量	228 人
空重	59350 千克
最大起飞重量	122470 千克
巡航速度	870 千米 / 时
满载航程	7275 千米

机型特点

波音 757 飞机的主要设计目标是通过降低油耗、减轻机体重量来降低使用成本，提高经济性。比以前的中程飞机耗油少，能很好地满足低于现行三级限制标准的社区噪声限制，并符合国际污染物排放新标准。与采用 3 人驾驶制、装 4 台发动机的波音 707 和 DC-8 相比，波音 757 客机的节油效益非常明显。波音 757 通过降低机场交通拥堵程度而体现出的运营灵活性，既可用于较长的航线，也可用于较短的航线。

美国波音 767 民航客机

波音 767 是波音公司研发的双发动机中型宽体喷气式民航客机，用来与空中客车 A310 竞争。

性能解析

波音 767 是波音公司第一架带有玻璃荧幕座舱的宽体双发动机客机，也是首次采用 2 人驾驶制的宽体飞机。波音 767 与窄体客机波音 757 同一时期开发，两者有很多相似之处。由于波音 767 的机体内部直径只有 4.7 米，是宽体客机中最窄的，因此舒适度不如空中客车 A330。其货舱容积也较小，只能容纳窄体机惯用的 LD2 集装箱。最终波音 767 在与空中客车 A330 的竞争中让出了中级双发客机市场的主导地位。

基本参数	
制造商	波音公司
制造数量	1013 架以上
生产年限	1982 年至今
机身长度	61.4 米
机身宽度	5.03 米
翼展	51.82 米
载客量	375 人
空重	103872 千克
最大起飞重量	204120 千克
巡航速度	913 千米 / 时
满载航程	10415 千米

机型特点

与早期的波音飞机相比，波音 767 的机翼更厚、更长，后掠角略小，这使其具有优异的起飞性能和燃油经济性。另外，波音 767 飞机所装备的 2 台高涵道比涡扇发动机只需稍加改装，就能与 747 飞机的发动机互换。波音 767 系列是一个完整的飞机家族，它可以在 200~300 座级市场上最大限度地满足客户的需求。767 系列均为双发飞机，其大小介于单过道的波音 757 和双过道的波音 777 之间，载客量在 181~375 人。经过近 20 年的出色运营，波音 767 已在航空公司中建立了经济性和舒适性的美誉。

美国波音 777 民航客机

波音 777 是波音公司研发的双发动机中远程宽体客机，目前是全球最大的双发动机宽体客机。

性能解析

波音 777 具有座舱布局灵活、航程范围大和不同型号能满足不断变化的市场需求的特点。该机具有左、右两侧 3 轴 6 轮的小车式主起落架、完全圆形的机身横切面，以及刀形机尾等外观特征，并采用了全数字式电传飞行控制系统、软件控制的飞行电子控制器、液晶显示飞行仪表板、光纤飞行电子网络等多项新技术。波音 777 还是波音公司首款使用复合材料制造的飞机，机体约有 10% 为复合材料。

基本参数	
制造商	波音公司
制造数量	1110 架以上
生产年限	1993 年至今
机身长度	73.9 米
机身宽度	6.19 米
翼展	60.9 米
载客量	368 人
空重	160120 千克
最大起飞重量	299370 千克
巡航速度	945 千米 / 时
满载航程	7038 千米

机型特点

波音 777 采用圆形机身设计，起落架共有 12 个机轮，是美国波音公司研制的双发中远程宽体客机。波音 777 在规格上介于波音 767-300 和波音 747-400 之间。波音 777 首飞时，它是民用航空历史上最大的双发喷气飞机。如今，波音 777 的改进型有 B777-200、B777-200ER、B777-200LR、B777-300、B777-300ER、B777F 和 KC-777。

目前，波音 777 在全球各大航空公司均有服役，其中中国南方航空、中国国际航空、中国东方航空等都有波音 777 机队。

美国波音 787 民航客机

波音 787 是波音公司研发的双发动机中远程宽体客机，又称为"梦想客机"（Dreamliner）。

性能解析

波音 787 是航空史上首架超长程中型客机，打破以往一般大型客机与长程客机挂钩的定律。该机的突出特点是大量采用复合材料、低燃料消耗、较低的污染排放、高效益及舒适的客舱环境、较低噪声、较高可靠度、较低维修成本。

波音 787 系列属于 200~300 座级客机，航程随型号不同可覆盖 6500~16000 千米。技术和设计上的突破，使中型尺寸的波音 787 具有在同座级的飞机中具有无与

基本参数	
制造商	波音公司
制造数量	52 架以上
生产年限	2007 年至今
机身长度	63 米
机身宽度	5.75 米
翼展	60 米
载客量	330 人
空重	115000 千克
最大起飞重量	247000 千克
巡航速度	945 千米 / 时
满载航程	15750 千米

伦比的航程能力与英里成本经济性。波音 787 能够以 0.85 倍音速飞行，这也使其点对点远程不经停直飞能力得以更好的体现，从而能在全球 450 多个新城市之间执行点到点直飞任务。

机型特点

推出波音 787 梦想客机为旅客带来航空业的最新创新成果，让美国航空深感自豪；该机型可为旅客提供全世界一流的国际旅行体验。波音 787 商务舱套间配备了标志性的全平躺式座椅，所有舱位均配置了现代化的机上设施，如全球无线连接和更广泛的娱乐选择等。2015 年 5 月 7 日，美国航空的首架波音 787 在美国国内航线—达拉斯 / 沃斯堡（DFW）—芝加哥（ORD）航线上投入商业运营。之后波音 787 开始执飞国际航线。

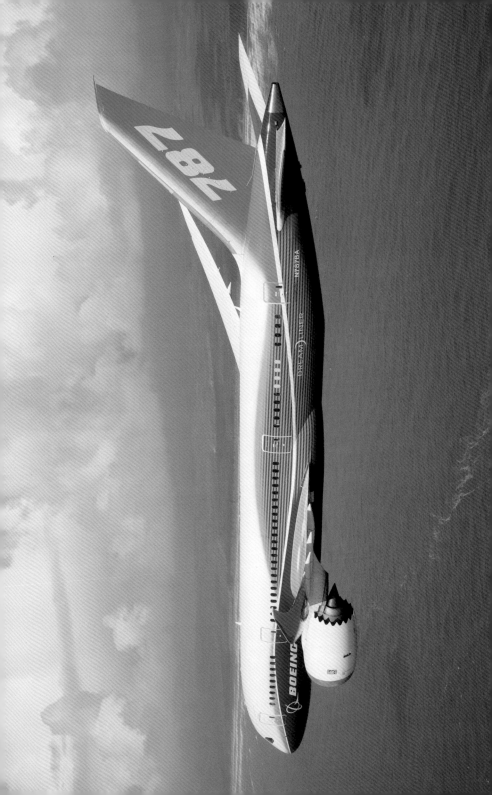

美国 DC-3 民航客机

DC-3 双发客机是道格拉斯公司 DC-2 的改良版,有多个民用或军用版本 (C-47),产量极高。

性能解析

与同时期其他客机相比,DC-3 的载客量增加 1 倍左右,运行成本大幅降低,一举扭转了航空公司经营客运亏损的局面,民用航空客运业务从此无须补贴就可独立发展。DC-3 装有 2 台普惠 R1830"双黄蜂"星形活塞式发动机,只需在中途一次加油便能横越美国东西岸,再加上安装了首次于飞机上出现的空中厨房,以及能在机舱设置床位,为商业飞行带来了革命性的突破。

基本参数	
制造商	道格拉斯公司
制造数量	16079 架
生产年限	1936—1942 年
机身长度	19.65 米
机身宽度	5.17 米
翼展	28.96 米
载客量	41 人
空重	7650 千克
最大起飞重量	11400 千克
巡航速度	370 千米 / 时
满载航程	3420 千米

机型特点

DC-3 性能比前代的飞机更稳定,运行成本更低,维修保养容易。美国航空公司董事长 C.R. 史密斯说:"DC-3 是第一架依靠运载旅客能够赚钱的飞机。"1936 年 6 月该公司依靠 DC-3 首次开办纽约和芝加哥之间的不着陆航运业务。到了 1938 年,DC-3 就成为美国所有大航空公司的主力飞机。由于性能优越,DC-3 被世界各国航空公司大批购买。

美国 DC-6 民航客机

DC-6 是道格拉斯公司研发的四发动机商用客机/运输机。

性能解析

道格拉斯公司一共生产了四型 DC-6：DC-6，基本型；DC-6A，机身更长，航程更长，有大型前向货舱门并加强了货舱地板；DC-6B，专门进行客运，无货舱门并且机舱地板较轻；DC-6C，客货两用型，拥有两扇货舱门，但是安装了可拆卸座椅。其中，DC-6B 装备的普惠 R-2800-CB-16 发动机和汉密尔顿 43E60 恒速变距螺旋桨，被认为是当时活塞客机上最优秀的动力装置之一。

基本参数	
制造商	道格拉斯公司
制造数量	702 架
生产年限	1946—1959 年
机身长度	32.18 米
机身高度	8.66 米
翼展	35.81 米
载客量	102 人
空重	25110 千克
最大起飞重量	48500 千克
巡航速度	507 千米/时
满载航程	4840 千米

机型特点

最有名的 DC-6 是美国总统哈利·S.杜鲁门的专机，VC-118 独立号，被保存在位于俄亥俄州代顿怀特·帕特森空军基地内的美国国家空军博物馆。该机于 1965 年退役后被博物馆收藏。1977—1978 年，博物馆工作人员恢复了其之前的总统涂装和类似于老鹰的配色。现在该机在博物馆内的总统机库内做静态展示。

美国 DC-7 民航客机

DC-7 是道格拉斯公司最后的螺旋桨活塞发动机飞机，其直接取代型号是波音 707 及 DC-8。

性能解析

DC-7 装有 4 台莱特 R-3350-18EA1 发动机，单台功率为 2536 千瓦。与 DC-6 相比，DC-7 的载客量变化不大，但航程几乎增加了 1 倍之多，巡航速度和最大升限也有所增加。凭借优异的性能，DC-7 问世之后成功占据了同级别客机市场的主导地位。

机型特点

最初生产的 DC-7 是专为美国国内的运营商生产的。改进后的 DC-7B 曾经以 DC-7

基本参数	
制造商	道格拉斯公司
制造数量	338 架
生产年限	1953—1958 年
机身长度	37 米
机身高度	10.5 米
翼展	42 米
载客量	105 人
空重	33005 千克
最大起飞重量	65000 千克
巡航速度	653 千米 / 时
满载航程	9070 千米
最大升限	8656 米

相同的尺寸，进行额外的燃料补给，使泛美从 1955 年 6 月不间断地开通纽约 / 伦敦的服务。而 DC-7B 能直飞纽约 / 伦敦，因为天气条件往往被迫反向服务。目前，DC-7 仅有极小的数目存在，主要是货机。

美国 DC-8 民航客机

DC-8 是道格拉斯公司研制的四发动机喷气式客机，也是民航历史上第一代喷气式客机，在 20 世纪 50 年代时曾是波音 707 的最大竞争对手。

性能解析

DC-8 晚于波音 707 投入运营，但 DC-8 客舱更宽大，并可以不经停地横跨大西洋飞行。该机最早的型号为 DC-8-10 型，由 4 台普惠 JT3C-6 涡轮喷气发动机推动，主要为美国本土研制。它的改进型号主要包括 DC-8-20、DC-8-30、DC-8-40 和 DC-8-50 等。

机型特点

DC-8-30 是 DC-8 的洲际型，该型也设计了 3 种不同型别，而各型燃料容量

基本参数	
制造商	道格拉斯公司
制造数量	556 架
生产年限	1958—1972 年
机身长度	57.12 米
机身高度	12.92 米
翼展	45.23 米
载客量	380 人
空重	70000 千克
最大起飞重量	158760 千克
巡航速度	965 千米 / 时
满载航程	10000 千米

也增加了 1/3，30 型由 4 具普惠 JT4A-3 涡轮喷气引擎推动，并且加强了机体和起落架。而 DC-8-31 则由 4 具普惠 JT4A-9 涡轮喷气引擎推动，起飞总载重为 136 吨，而 DC-8-32 则类似于 31 型，但起飞总载重提升至 140 吨。而 DC-8-33 则以 JT4A-11 涡轮喷气引擎推动，并且在机体内部做了一些额外修改，且加强了起落架结构，起飞总载重提升至 146 吨。

美国 DC-9 民航客机

DC-9 是道格拉斯公司研发的双发动机中短程窄体民航客机，以波音公司的波音 727 为市场竞争对手。

性能解析

DC-9 外形最大的特点就是机身尾部两侧各装 1 台涡轮风扇发动机以及呈 T 形的垂直尾翼和水平尾翼。DC-9-10 是基本型，无前缘缝翼。DC-9-20 是 DC-9-10 的改进型，翼展加大 1.2 米，同时加大了发动机推力和燃油量。DC-9-30 产量最大的型号，增长了机身和翼展，增设前缘缝翼，选用推力更大的 JT8D-15 发动机。DC-9-40 是 DC-9-30 的加长型，机身加长 1.93 米。DC-9-50 的长度进一步加大，并选用推力更大的 JT8D-17 发动机。

基本参数	
制造商	道格拉斯公司
制造数量	976 架
生产年限	1965—1982 年
机身长度	40.72 米
尾翼高度	8.38 米
翼展	28.47 米
载客量	139 人
空重	28068 千克
最大起飞重量	54900 千克
巡航速度	898 千米 / 时
满载航程	3430 千米

机型特点

DC-9 是由道格拉斯公司在 20 世纪 60 年代研发的双发中短程单走道民航客机。DC-9 主要以波音公司的波音 737 为市场竞争对手。但在 2009 年 7 月 29 日，根据《商业周刊》的统计，麦道 DC-9 被认为是发生事故率较高的客机机型，它的致命事故间隔时间为 106.9 万小时。

美国 DC-10 民航客机

DC-10 是麦克唐纳公司与道格拉斯公司合并后生产的第一款民航客机，目前仍有一部分改装成货机使用。

性能解析

DC-10 采用铝合金半硬壳式破损安全结构，圆形截面机身。机翼为悬臂式全金属下单翼。DC-10 设计了 3 人驾驶舱，即正、副驾驶员和飞行工程师，还有 2 个观察员座椅。客舱混合级布局载客 255~270 人，经济级布局载客 380 人。该机装有 3 台涡轮风扇发动机，各驱动 1 套相互独立的液压系统。除装有一般仪表、导航和通信设备外，DC-10 还有中央大气数据计算机和气象雷达，自动着陆系统和 1 套复式自动着陆防护系统。

基本参数	
制造商	麦道公司
制造数量	386 架
生产年限	1968—1988 年
机身长度	55.5 米
机身宽度	6.02 米
翼展	50.4 米
载客量	380 人
空重	122567 千克
最大起飞重量	259459 千克
巡航速度	1004 千米 / 时
满载航程	9252 千米

机型特点

DC-10 启用数年后，业界人士开始发现该型飞机在设计上有缺陷，其中较严重的是机腹货舱舱门设计，导致多次空难从而使麦道需要对货舱舱门进行重新设计。在 1979 年，DC-10 更在一年内涉及三宗意外，虽然意外起因与飞机本身设计并无直接关系，但当时航空当局以安全理由，要求全球的 DC-10 停飞，损害了 DC-10 飞机的名声。虽然受到多次空难事故打击了乘客及航空公司的信心，但 DC-10 因导入市场较早、操作及维修成本较低廉，以及可选用普惠或通用电气引擎之故，在销售量上打败了竞争对手洛克希德 L-1011。

美国 MD-80 民航客机

MD-80 系列客机是麦克唐纳·道格拉斯公司在 DC-9-50 基础上发展起来的双发动机中短程客机。

性能解析

与 DC-9 相比，MD-80 加长了机身，增大了最大起飞重量与油箱容量，于机身后方两旁装上普惠 JT8D 涡轮发动机，小型但高效的机翼及 T 形尾翼。MD-80 系列的主要型号包括 MD-81、MD-82、MD-83、MD-87 和 MD-88，除较短的 MD-87 外，其余型号的机身长度都相同。MD-80 在驾驶舱、航空电子以及空气动力学方面都进行了改进，航程也在早期 DC-9 的基础上有所增加。

基本参数	
制造商	麦道公司
制造数量	1191 架
生产年限	1979—1999 年
机身长度	45.01 米
尾翼高度	9.05 米
翼展	32.8 米
载客量	170 人
空重	35400 千克
最大起飞重量	67800 千克
巡航速度	811 千米/时
满载航程	3800 千米

机型特点

MD-80 系列的用户遍及全世界，但由于使用老旧的 JT8D 引擎，MD-80 相比 A320 和较新的波音 737 而言油耗较大，飞行中每小时消耗 4000 升航空燃料，而比 MD-80 更大的波音 737-800 每小时飞行只耗油 3200 升。因此，很多航空公司在 2000 年开始将 MD-80 除役。美国航空计划淘汰至少 20 架 MD-80，并加速引进波音 737-800。中西航空也在 2008 年 7 月 14 日宣布在 2008 年秋季将 12 架 MD-80 全部淘汰。

美国 MD-90 民航客机

MD-90 是麦克唐纳·道格拉斯公司在 MD-80 的基础上研发的双发动机中短程客机，因麦道公司被波音公司兼并而停产。

性能解析

MD-90 采用 MD-80 的机身截面形状，先进的高升力机翼和电子飞行仪表系统。可互换的、标准的机身部件使 MD-90 可在 MD-80 的生产线上装配。

麦道公司原计划在 MD-90 上装超高涵道比桨扇发动机，后因世界石油市场油价一直趋于稳定，致使桨扇发动机的节油效果不太能显示出经济上的优越性，最终选用国际航空发动机公司的 V2500-D1 涡扇发动机，单台推力 113.4 千牛。MD-90 可载客 153 人（头等舱 12 人，经济舱 141 人）。

基本参数	
制造商	麦道公司
制造数量	117 架
生产年限	1993—2000 年
机身长度	46.5 米
机身高度	9.4 米
翼展	32.87 米
载客量	153 人
最大起飞重量	76204 千克
最大着陆重量	64411 千克
巡航速度	933 千米 / 时
满载航程	4424 千米

机型特点

MD-90 的发起用户是美国三角航空公司，它正式订购 50 架，意向订购 11 架。其他用户有阿拉斯加航空公司正式订货 20 架、意向订购 20 架，国际租赁金融公司正式订购 15 架、意向订购 15 架，日本航空系统公司正式订购 10 架。目前，MD-90 有 3 种型别。

美国 MD-11 民航客机

MD-11 是麦克唐纳·道格拉斯公司研发的三发动机宽体客机，由 DC-10 客机发展而来。

性能解析

MD-11 的设计源自 DC-10 客机，但其机身、翼展则比 DC-10 长，机翼的两端也加装了小翼，而翼切面的设计也得以改良。MD-11 提供了新发动机供买家选择，在物料上使用了更多的复合材料，驾驶舱的设备也全面数字化。该机共出产了 4 个版本，即客机、全货机、可改装货机、客货两用机。其中客货两用机的上层分为客舱及货舱，而下层则为全货舱。MD-11 可载 285~410 人，视其编排而定。

基本参数	
制造商	麦道公司
制造数量	200 架
生产年限	1988—2000 年
机身长度	61.24 米
机身高度	17.6 米
翼展	51.77 米
载客量	285~410 人
最大燃油量	146155 升
最大起飞重量	273000 千克
巡航速度	945 千米/时
满载航程	12670 千米
最大升限	13000 米

机型特点

在麦道于 1997 年被波音收购后，MD-11 客机也在不久后停产。根据波音的说法，当时的市场并不足以保证 MD-11 能继续生产，同时在不少同厂及其他同类产品的竞争下，诸如波音 777 及 A330/A340，以及双引擎客机的营运成本比三引擎更低，使得 MD-11 的销售量大减。在进入 21 世纪后，各家航空公司所操作的 MD-11 已经完全退出客运，大部分的 MD-11 被以联邦快递为主的航空货运业者收购，改装为货机使用。

美国 L-1011 "三星" 民航客机

L-1011 "三星" 是洛克希德公司研发的三发动机中长程宽体客机。

性能解析

L-1011 拥有高度自动化的自动驾驶系统，并且是第一种具有 FAA 自动着陆资质认可的宽体式客机，这使得 L-1011 可以由机载自动驾驶系统进行零能见度下的完全自动化降落。

L-1011 在组装机身时还采用了 1 套特殊的高压焊接工艺，给予了机体非常强的抗腐蚀能力。为增加客舱空间，L-1011 的厨房安装在机身中间的行李舱位置，有效提升了机舱使用空间，并令厨房的空间比其他同类型飞机大。

基本参数	
制造商	洛克希德公司
制造数量	250 架
生产年限	1968—1984 年
机身长度	54.15 米
机身高度	16.87 米
翼展	47.34 米
载客量	263 人
空重	105052 千克
最大起飞重量	211374 千克
巡航速度	871 千米 / 时
满载航程	7419 千米

机型特点

从商业上看，L-1011 不是一件成功之作，但就 L-1011 飞机本身而言，则是成功之作。L-1011 引用了不少当时洛克希德公司用于军用飞机上的先进科技，如独一无二的直接升力控制系统。罗尔斯 - 罗伊斯 RB211 型发动机当时也比其他同类发动机更先进，如使用更轻的碳纤维扇叶，减轻重量以增加效率，降低了油耗。

美国比奇 1900 民航客机

比奇 1900 是由雷神公司下属的比奇飞机公司（现豪客比奇）研发生产的小型支线运输机。

性能解析

比奇 1900 是目前世界上广泛使用的"空中国王"公务机的衍生型，机上有 40% 的零部件和"空中国王"通用。机身为铝合金半硬壳式破损安全增压结构，机翼采用悬臂式下单翼，悬臂式 T 形尾翼由后掠式垂尾和平尾组成，平尾两侧下翼面靠近翼尖有小型端板，后机身两侧有固定式辅助水平安定面，升降舵和方向舵均有调整片，平尾和辅助水平安定面前缘装气囊式除冰装置。

基本参数	
制造商	豪客比奇飞机公司
制造数量	695 架
生产年限	1982—2002 年
机身长度	17.63 米
机身高度	4.72 米
翼展	17.67 米
载客量	19 人
空重	4831 千克
最大起飞重量	7668 千克
巡航速度	518 千米 / 时
满载航程	707 千米

机型特点

比奇 1900 是双发涡轮螺旋桨的 19 座支线飞机，它主要设计于支线飞机，也可作为运输机。比奇 1900 在 1984 年 2 月开始首飞，1985 年交付的第一家企业是 ExecLiner 公司。比奇 1900 共生产了 695 架，它也成为世上最畅销的 19 座客机。雷神公司在 2002 年 10 月停产了比奇 1900，至今还有许多航线仍由比奇 1900 执勤。

欧洲空中客车 A300 民航客机

A300 是欧洲空中客车公司研发的双发动机中短程宽体客机，它是世界上第一架双发动机宽体客机，也是空中客车生产的第一款客机。

性能解析

空中客车公司在研制 A300 时采用了当时最新的技术，包括从"协和"超音速客机移植过来的技术。A300 先进的超临界机翼具有较佳的经济性能，先进的飞行控制空气动力性。该机采用圆形截面机身，宽度足以容纳 8 个座椅和两条走道，货舱可以并排放下 LD3 标准集装箱，而且比波音 747 安排得更紧凑，空间利用率更高。A300 首次在大型客机上实现双人制驾驶舱，飞行操控高度自动化。A300 还是第一架具有风切变（风速在水平和垂直方向的突然变化）保护功能的客机。

基本参数	
制造商	空中客车公司
制造数量	561 架
生产年限	1972—2007 年
机身长度	54.1 米
机身宽度	5.64 米
翼展	44.84 米
载客量	375 人
空重	90900 千克
最大起飞重量	171700 千克
巡航速度	878 千米 / 时
满载航程	7500 千米

机型特点

A300 是世界上第一架双引擎宽体客机，也是空中客车公司第一款投入生产的客机。A300 的出现激发了波音公司研制波音 767 和波音 777，并且为双发延程飞行铺平了道路。A300 客机于 1974 年投入航行，其相当先进的特色深深影响了亚音速客机的设计。凭借 A300 的成功，空中客车以其为踏脚石，以 A300 为基础发展出 A310、A330 及 A340 等机型。

欧洲空中客车 A310 民航客机

　　A310 是空中客车公司为与波音 767 竞争在空中客车 A300 基础上研制的 200 座级中短程双通道宽体客机。

性能解析

　　A310 与 A300B 的主要不同在于：缩短了机身，标准载客量减少到 200 人。重新设计的稍小的高长宽比机翼，使用更小的尾翼。得益于空气动力学技术进展，A310 较小的机翼可获得更好的升力及性能，缺点是机翼载油量较小，航程能力受限制。A310-300 的巡航距离超越了所有 A300 家族的型号，所以 A310 系列被广泛用于跨越大西洋的航线。A310 是第一架采用电子飞行仪表与驾驶舱中央电子飞行监视器的客机。该机率先实现双人机组体制，由自动飞行系统取代飞行工程师的工作。A310 的另一个创新在于，使用电子信号取代以往由钢索操作的控制方式。

基本参数	
制造商	空中客车公司
制造数量	255 架
生产年限	1983—1998 年
机身长度	46.66 米
机身高度	15.8 米
翼展	43.9 米
载客量	200 人
空重	83100 千克
最大起飞重量	164000 千克
巡航速度	850 千米/时
满载航程	9600 千米

机型特点

　　A310 有标准型 A310-200（航程 6800 千米）和航程达 9600 千米的远程型 A310-300，A310-300 的航程超越了所有 A300 系列的型号，A310-200 的航程超越了除 A300-600 之外所有 A300 系列的型号，通过了双发延程飞行（ETOPS），由于这一特性，A310 可用于跨越大西洋的航线。

欧洲空中客车 A320 民航客机

A320 是空中客车公司研发的双发动机单通道中短程窄体客机，型号包括 A318、A319、A320、A321 以及商务客机 ACJ。

性能解析

A320 系列旨在满足航空公司低成本运营中短程航线的需求，为运营商提供了 100~220 座级飞机中最大的共通性和经济性。这一系列使用的新技术包括：第一款应用全数字电传操纵飞行控制系统的民航客机，第一款放宽静稳定度设计的民航客机，第一款使用侧置操纵杆代替传统驾驶盘和驾驶杆的民航客机，第一款大量使用复合材料作为主要结构材料的窄体客机，第一款带有集装箱货物系统的窄体飞机。

基本参数	
制造商	空中客车公司
制造数量	5635 架以上
生产年限	1988 年至今
机身长度	37.57 米
机身高度	11.76 米
翼展	34.1 米
载客量	220 人
空重	42400 千克
最大起飞重量	77000 千克
巡航速度	878 千米 / 时
满载航程	5700 千米

机型特点

A320 系列有 2 个型号，分别是 A320-100 和 A320-200。A320-100 产量很少，只生产了 22 架，最初用户只有因特航空（后来被法国航空合并）和英国航空（英航的 A320-100 由英国金狮航空在结业前订购）。A320-200 是其主要型号。其特征是翼尖上的小翼和为增加巡航距离而增大的油箱，基本上 A320-100 和 A320-200 的差别很少，两者的载客量、机舱内部、长宽度等也是相同的。截至 2013 年 6 月，共有 3363 架 A320 已经交付，2942 架仍未交付。A320 的竞争机型是波音 737-800。

欧洲空中客车 A330 民航客机

A330 是空中客车公司生产的双发动机、双通道中长程宽体客机，用以取代 A300。

性能解析

A330 在航程和效益方面更加紧密地满足了市场需求，同时在结构、气动性能和系统方面继续运用高水平的技术。A330 系列采用更轻、强度更高的金属合金和复合材料，可降低机身重量和提高飞机机体的寿命。此外，机翼在气动性能方面也进行了优化，确保了所有条件下最佳的起飞和着陆性能，提高了飞机在巡航速度飞行时的燃油效率。先进机翼、高效率发动机及大量的超轻型合金、复合材料，每座千米油耗和每座直接使用成本都有较大下降。值得一提的是，A330 是能直飞海拔 3500 米以上的青藏高原航线的少数机种之一。

基本参数	
制造商	空中客车公司
制造数量	1000 架以上
生产年限	1992 年至今
机身长度	58.8 米
机身高度	17.4 米
翼展	60.3 米
载客量	440 人
空重	119600 千克
最大起飞重量	230000 千克
巡航速度	871 千米 / 时
满载航程	12500 千米

机型特点

四川航空公司的川藏机队配备了多架 A330 机型，用于西藏地区的飞行。截至 2015 年 8 月，空中客车共获得 1548 架 A330 订单，当中有 1215 架已交付于客户。第 1000 架制造的 A330 已于 2012 年 7 月正式交付于国泰航空。2014 年 7 月 14 日，空中客车宣布 A330 将设计新一款 A330neo，分为 A330-800neo 及 A330-900neo，于 2017 年年底投入商业运转，用来取代 A330-200 及 A330-300。

欧洲空中客车 A340 民航客机

A340 是空中客车公司首款四发动机长程客机，也是世界上第一款使用数字控制系统的民用飞机。

性能解析

A340 和 A330 两种机型有很大的共通性，有 85% 的零部件可以互相通用，采用相似的机身结构，只是长度不同，驾驶舱、机翼、尾翼、起落架及各种系统都相同。A340 系列通过技术削减飞机维护成本，降低了飞机的重量并减少了燃油成本。该机配备 4 台发动机的布局可使航空公司有能力灵活制订远程和超远程航线计划，用以补充已有的飞机系列。

基本参数	
制造商	空中客车公司
制造数量	377 架
生产年限	1993—2011 年
机身长度	63.6 米
机身高度	16.85 米
翼展	60.3 米
载客量	295 人
空重	129275 千克
最大起飞重量	276500 千克
巡航速度	896 千米 / 时
满载航程	13700 千米

机型特点

被称为"经典型"的 A340 飞机，其组件与 A330 几乎完全相同。通过更小的 CFM56 型引擎和双排主起落架奠定了"A340 家族"后续的更大、更先进机型的基础。2011 年 11 月，在将近两年都没有接到任何 A340 的新订单后，空客于同年第三季度宣布停止 A340 生产。A340 共获得 48 家客户的 377 架订单，包括 246 架 A340-200/ 300，34 架 A340-500 和 97 架 A340-600。

欧洲空中客车 A380 民航客机

A380 是空中客车公司研制生产的四发动机 550 座级超大型远程宽体客机，其投产时是全球载客量最大的客机，有"空中巨无霸"之称。

性能解析

A380 是首架拥有 4 条乘客通道的客机，座椅和通道非常宽大。A380 燃油的经济性比其直接竞争机型要提高 13% 左右，并显著地降低了噪声和废气排放。该机具备低空通场、超低空低速通场的能力，能够在中低空完成大仰角转弯、过失速速度和过失速仰角飞行、能够实施空中翻转，确保飞机遭遇鸟击、雷暴、大侧风等恶劣条件时的安全。巨大的机翼和侧旋尾翼令飞机可以在动力全部失效以及燃油耗尽的情况下滑翔着陆。

基本参数	
制造商	空中客车公司
制造数量	105 架以上
生产年限	2007 年至今
机身长度	72.72 米
机身高度	24.09 米
翼展	79.75 米
载客量	853 人
空重	276800 千克
最大起飞重量	560000 千克
巡航速度	1002 千米 / 时
满载航程	15700 千米

机型特点

空中客车 A380 在单机旅客运力上有优势，在典型三舱等（头等舱 - 商务舱 - 经济舱）布局下可承载 525 名乘客。空中客车 A380 飞机被空中客车公司视为其 21 世纪的"旗舰"产品。A380 的座位面积比直接竞争机型大 1/3 左右，并且有更多的地板面积。A380 的座椅和通道更加宽大，拥有宽阔的空间让乘客伸展腿部，并可享用底层设施。

欧洲空中客车 A350 民航客机

A350 是空中客车公司研发的中长程宽体客机，以取代早期推出的 A330 及 A340 系列，2014 年投入使用。

性能解析

A350 配备全新机舱、机翼、机尾、起落架及各项新系统，一些原为 A380 发展出来的技术均可在 A350 上找到。该机有 60% 的结构采用多种先进的、经过技术验证的轻质混合材料制造，如最新的铝锂合金和碳纤维修增强塑料。先进的设计和制造技术再加上借鉴了 A380 的"偏倾前缘"技术，使得全新的 A350 复合材料机翼具备了非比寻常的高、低速效率。

A350 每种机型的航程都可覆盖全球各个角

基本参数	
制造商	空中客车公司
制造数量	未知
生产年限	2015 年至今
机身长度	73.8 米
机身高度	16.9 米
翼展	64 米
载客量	440 人
最大起飞重量	295000 千克
巡航速度	903 千米 / 时
满载航程	14800 千米

落。A350 系列所有型号的飞机在高密度客舱布局下的载客量都可以达到 440 人。

机型特点

2005 年 1 月 11 日，美国及欧盟宣布同意透过双向会谈来解决这次空中客车及波音公司的资助分歧。美国及欧盟均停止给予有关公司新的资助。然而，本来成功的谈判最后失败告终，因为英国政府临时批准资助空中客车。英国政府将给予空中客车 3.79 亿欧元资金，换来英国建造 A350 的合成机翼的权利，因而造就近 1 万个工作岗位。

英法"协和"式民航客机

"协和"式是一款由法国宇航和英国飞机公司联合研制的中程超音速客机，它和苏联图–144同为世界上少数曾投入商业使用的超音速客机。

性能解析

"协和"式客机采用了弧形前缘细长三角翼，机身为细长形，主要材质为铝合金，装备4台带加力燃烧室的劳斯莱斯奥林匹斯593型涡轮喷气发动机，总推力超过676千牛。在高效率的发动机推进下，"协和"式客机的巡航速度可长时间保持在每小时2140千米，最高巡航高度达18300米。该机是首种使用模拟电传操纵的民航客机，也是首度以半导体器件和被动元件形成混合集成电路作为飞机电子系统主体。操作方面，"协和"式客机需要3名机员共同负责，包括正、副飞行员及飞行机械工程师。

基本参数	
制造商	法国宇航和英国飞机公司
制造数量	20架
生产年限	1965—1976年
机身长度	61.66米
机身高度	12.2米
翼展	25.6米
载客量	120人
空重	78700千克
最大起飞重量	185000千克
巡航速度	2140千米/时
满载航程	5110千米

机型特点

为了满足长时间超音速巡航的需要，"协和"式飞机采用了高效率的涡轮喷气发动机、大容量油箱等措施，因此，"协和"式飞机也是至今续航能力最强的超音速飞机。尽管如此，"协和"式飞机的航程仍然比其他亚音速民航机短得多，以波音747-400为例，其航程可达13450千米。

英国 BAe 146 民航客机

BAe 146 是英国宇航公司研制的一款四发动机短程喷气式支线运输机。

性能解析

　　BAe 146 采用上单翼配搭 T 型尾翼设计，4 台发动机吊挂在上单翼下。配备 4 台由美国达信·莱康明公司以直升机的涡扇发动机改型而成的 ALF502 涡扇发动机，发动机未设反推力装置。BAe 146 具有高效机翼设计，扰流板和襟翼的面积比同类型的大，使 BAe 146 起落性能较好，能在小型机场起降。该机具有使用费用低、噪声低等特点。与一般支线客机相比，BAe 146 系列具有宽机身优越的旅客座位配置规格，采用每行 5 个座位排列，而不是传统的 4 座位并列。

基本参数	
制造商	宇航公司
制造数量	391 架
生产年限	1978—2002 年
机身长度	30.99 米
机身宽度	8.61 米
翼展	26.21 米
载客量	100 人
空重	23897 千克
最大起飞重量	44225 千克
巡航速度	801 千米 / 时
满载航程	1966 千米

机型特点

　　与一般支线客机相比，BAe 146 的座位排列使乘客更方便更舒适。另一特点是此型号飞机以低噪声出名，故吸引了各大航空公司的采购。虽然 BAe 146 的竞争者较少，所接到的订单也超过了 200 架，但其发动机并不可靠，招来不少批评。因此，英国宇航便针对发动机问题而对 BAe 146 进行改良，更换了更可靠并以 FADEC 电脑管理的新发动机，并采用数码化的航电系统，而 BAe146 也在 2002 年停产。

英国 BAe ATP 民航客机

BAe ATP 是英国宇航公司研发的一款短程客机，尽管比较宁静和省油，但竞争力不及对手，使 ATP 成为一款失败的产品。

性能解析

ATP 的机身横切面与 HS.748 一样，但加长了机身，使其标准载客量达 64 人，最高可载 72 人。飞机采用更具燃油效益、6 叶片的普惠 PW124 发动机，达 1581 千瓦，但后来改用 PW126A 发动机。ATP 的驾驶舱比较现代化，采用 4 个电子飞行仪表系统。飞机机身前后各加设了 1 个货门。

基本参数	
制造商	宇航公司
制造数量	64 架
生产年限	1988—1995 年
机身长度	26 米
机身高度	7.14 米
翼展	30.63 米
最大载客量	72 人
空重	13595 千克
最大起飞重量	22930 千克
巡航速度	496 千米/时
满载航程	1825 千米

机型特点

ATP 的低速与技术落后使大量潜在客户改订了 ATR 或 Dash 8。截至 1993 年 12 月，ATP 只有 58 架订单。为延续 ATP 的发展，英国宇航于 1993 年 4 月 26 日宣布推出捷流 –61，是 ATP 的衍生型号，只不过是以更成功的捷流 –31/ 41 来命名。可是捷流 –61 没有令 ATP 起死回生，甚至连计划也被腰斩，最终只生产了 4 架捷流 –61。ATP 最终只生产了 65 架，其中 1 架更是半途而废。最后 1 架 ATP 于 1993 年完成，1995 年交付。2000 年 6 月 28 日，英国宇航系统与瑞典西方航空宣布共同开发 ATP 货机，新货机能容纳 8 个 LD3 货柜和 1 个 LD346 货柜。ATP 从 UPS 取得 6 架 ATP 并把它们改装为货机，ATP 货机于 2002 年 7 月 10 日首飞。

英国 BAC 1-11 民航客机

BAC 1-11 客机也称为 BAC 111，是由英国飞机公司在 20 世纪 60 年代研制生产的 100 座级短程喷气式客机。

性能解析

BAC 1-11 的 2 台发动机置于机身尾部两侧，采用 T 形尾翼，机翼后掠角 20°。BAC 1-11 各型的载客量 89~119 人。BAC 1-11-200 是 BAC 1-11 的基本型号，采用劳斯莱斯 Spey MK506-14 型发动机。BAC 1-11-300 是 BAC 1-11-200 的增程型，增加燃油箱，发动机更换为劳斯莱斯 Spey MK511-14。BAC 1-11-400 与 BAC 1-11-300 同期研制，可以看作使用美国制仪器和设备的 BAC 1-11-300。BAC 1-11-500 机身加长 4.11 米，发动机型号更换为 Spey MK512，同时还改进了驾驶舱的航空电子系统。

基本参数	
制造商	英国飞机公司
制造数量	244 架
生产年限	1965—1989 年
机身长度	28.5 米
机身高度	7.2 米
翼展	26.9 米
最大载客量	119 人
空重	21049 千克
最大起飞重量	33800 千克
巡航速度	795 千米 / 时
满载航程	2320 千米

机型特点

1974 年，英国飞机公司欲发展 BAC 1-11-700，其是一款载客量达 134 人的客机，但最后被迫终止该计划。1977 年，英国飞机公司改组为英国航太，欲发展 BAC 1-11-800 型，这是一款载客量达 150 人的客机，但最终被迫终止该计划。BAC 1-11 在英国的生产线于 1982 年停止了，但同一时间罗马尼亚的飞机公司取得许可证后，成功生产 BAC 1-11，使 BAC 1-11 继续投产，但最终也在 1989 年停止了，总共生产了 9 架。BAC 1-11 共生产了 244 架，其中主要为英国客户，也有为数不少的 BAC 1-11 用作军事用途。截至 2003 年，有 61 架 BAC 1-11 在使用中。

英国 VC-10 民航客机

VC-10 是英国维克斯·阿姆斯特朗公司研制的一款四发动机中远程民航客机。

性能解析

VC-10 采用 4 台劳斯莱斯"康威尔"涡轮风扇发动机，推力较大，具有适于在高温、高原的英属非洲地区的起落能力。VC-10 客机采用机尾安装发动机的布局，将 4 台发动机短舱悬吊在机身尾部两侧，这样既远离客舱，又紧靠机身，在一侧发动机故障时不致引起严重的不平衡推力，避免机翼装发动机吊舱对升力和阻力的影响。

机型特点

VC-10 所执行的伦敦—纽约航线为

基本参数	
制造商	维克斯·阿姆斯特朗公司
制造数量	54 架
生产年限	1962—1970 年
机身长度	52.22 米
机身高度	12.04 米
翼展	45.55 米
载客量	174 人
最大起飞重量	151960 千克
巡航速度	936 千米 / 时
满载航程	7400 千米

亚音速飞机的纪录保持者，只需 5 小时 1 分便到达目的地。虽然 VC-10 产量不算多，但其在英国海外航空等公司有着很长的服役历史，海外航空的 VC-10 服役至 1981 年才从民航界退役。自 1965 年起皇家空军使用 VC-10 作为战略空运机，也有把民航机改装为空中加油机。为庆祝 VC-10 首飞 50 周年，注册号 G-ARTA 的 VC-10 在布鲁克兰斯博物馆展出，这款飞机在 2013 年 9 月 23 日从皇家空军退役，VC-10 的加油任务被新款的空中客车 A330MRTT 取代。VC-10 最后一次飞行是在 2013 年 9 月 25 日。

英国 DH 121 "三叉戟" 民航客机

DH 121 "三叉戟"是英国德·哈维兰公司研制的一款三发短程客机,是世界上较早实现自动驾驶的机型之一。

性能解析

"三叉戟"客机采用半硬壳式机身,全金属(铝合金)蒙皮。机翼为悬臂式后掠下单翼,全金属结构,机翼前缘后掠35°。T形尾翼,全动水平尾翼。该机装备3台涡轮风扇发动机,2台装在机身后部左、右两侧的发动机吊舱中,1台装在机身尾部内,进气道口在垂直尾翼根部,进气道呈S形。"三叉戟"2E型是世界上第一种能在恶劣气象条件下具有全自动着陆能力的民航客机,改进了商业航空服务可靠性,提高了飞行安全标准。

基本参数	
制造商	德·哈维兰公司
制造数量	117 架
生产年限	1960—1975 年
机身长度	35 米
机身高度	8.3 米
翼展	28.9 米
载客量	115 人
空重	33475 千克
最大起飞重量	64636 千克
巡航速度	972 千米 / 时
满载航程	4345 千米

机型特点

1964 年 3 月 5 日第二架生产型"三叉戟"客机在英国皇家飞机研究院完成了首次全自动着陆试验。该机于 1965 年 6 月 10 日从巴黎飞回伦敦希思罗机场时完成了民航客机首次正常运营中的全自动着陆。1966 年 11 月 4 日,在浓雾笼罩的希思罗机场在零能见度条件下完成了民航客机首次全自动着陆,飞机不靠人工操纵完成了全自动降落。

法国 SE 210 "卡拉维尔" 民航客机

SE 210"卡拉维尔"是法国东南飞机制造公司研发的双发中短程喷气式客机。

性能解析

SE 210 "卡拉维尔" 的 2 台发动机分别安装在机身尾部两侧短舱内，是历史上第一种采用发动机后置尾吊布局的喷气式客机，之后衍生出众多的追随者如 DC-9、MD-80 系列。尾吊发动机布局可以保持机翼外形简洁，相对翼下吊挂发动机布局，流过机翼的气流免受干扰，飞机起落架高度可以降低，方便乘客上下飞机。

机型特点

基本参数	
制造商	东南飞机制造公司
制造数量	282 架
生产年限	1958—1972 年
机身长度	31.01 米
机身高度	8.72 米
翼展	34.3 米
最大载客量	140 人
空重	22200 千克
最大起飞重量	46000 千克
巡航速度	805 千米 / 时
满载航程	1700 千米

为了以减少设计时间和降低开发成本，所以尽可能沿用英国彗星式客机现有的技术与零件。然而在 1955 年 4 月 21 日，彗星式客机发生了不明失事事件，也影响了 "卡拉维尔" 的设计，如窗户采用圆润的三角方窗形状，以分散机械应力避免彗星式的相同事故发生。

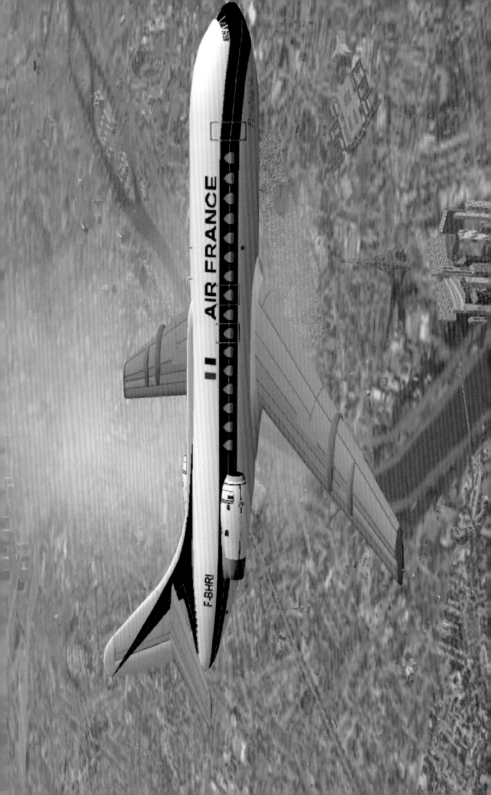

法/意 ATR42 民航客机

ATR42 是法国宇航公司和意大利阿莱尼亚公司联合研制的双发涡桨式支线运输机。ATR 是法文和意大利文"区域运输机"的略语，"42"是基本型客机的载客数。

性能解析

ATR42 客机采用上单翼和 T 形尾翼布局，普通半硬壳式破损安全结构，主要由轻合金部件构成，结构设计使用寿命 25 年。在气动力和结构设计以及机载设备等方面均采用了若干先进技术，并使用了计算机辅助设计和制造技术。基本设计标准是经济性好、起落距离短、具有在 II 类气象条件下的仪表着陆能力、全增压客舱、具有宽体客机的舒适性等。该机装 2 台普惠 PW120 涡桨发动机，单台功率 1342 千瓦。驾驶舱中有正、副驾驶员座椅，还可增加 1 个观察员座椅。

基本参数	
制造商	ATR 公司
制造数量	422 架以上
生产年限	1984 年至今
机身长度	22.67 米
机身高度	7.59 米
翼展	24.57 米
载客量	42 人
空重	11250 千克
最大起飞重量	18600 千克
巡航速度	556 千米/时
满载航程	1560 千米

机型特点

ATR42 飞机主要有 ATR42-200 和 ATR42-300 两种类型，均为客运型。ATR42-200 为基本型。ATR42-300 仅有很小的结构改动，飞机增加了起飞重量和商载/航程能力。ATR42-F 是民用货机型，在载运 3800 千克货物或 42 名乘客情况下可飞越 2316 千米的距离，改进了客舱内部布局并加强了客舱地板，机身左侧有可在飞行中打开的空投舱门。首架于 1989 年交付使用。还有几种ATR42 改型，有的尚在研究，有的已投入生产。

法/意 ATR72 民航客机

ATR72 是法国与意大利合资的飞机制造商 ATR 制造的一款双螺旋桨民航客机，结构上与 ATR42 一样，但机身加长，载客量增加，航程更远。

性能解析

ATR72 机身和 ATR42 相同，但机身长度增加。驾驶舱设备及布局也和 ATR42 基本相同，但增加了微型发动机监控设备，加油仪表板上有燃油传输装置仪表。该机客舱内可安排 64、66 座或 70 座，高密度布局时可载客 74 人。客舱各座椅都配有通风口和阅读灯，舱内还备有扩大了容量的空调系统。ATR72 的动力装置为 2 台 1611 千瓦的 PW124 涡桨发动机。

机型特点

ATR72 是法意制造商合资打造的双螺旋桨民航客机，全球有 678 架，约四成销售在新兴经济体。民航资料显示，中国南航新疆分公司曾有 5 架 ATR72 飞机，2011 年就已停飞。根据航空安全网站统计，从 1995 年至 2015 年 2 月的 10 年内，ATR72 机型共发生 30 次机体损害事故，其中 10 次造成人员伤亡，包括 2014 年的澎湖空难。

基本参数	
制造商	ATR 公司
制造数量	611 架以上
生产年限	1988 年至今
机身长度	27.17 米
机身高度	7.65 米
翼展	27.05 米
载客量	74 人
空重	12950 千克
最大起飞重量	22500 千克
巡航速度	511 千米 / 时
满载航程	1324 千米

德国多尼尔 328 民航客机

多尼尔 328 是由德国多尼尔公司研发的可分别采用涡桨及涡扇引擎的支线客机。

性能解析

多尼尔 328-300 采用了特殊机翼剖面和平面外形的上单翼结构，并且上、下翼面由实心材料铣削加工而成，因此在减少结构重量的同时大幅度提高了升阻比并节约燃油消耗。该机采用普惠 PW306B 涡轮风扇发动机，良好的爬升性能使其能在短跑道起降。多尼尔 328-300 提供了宽体机身的舒适性，座位布局为 32 座，每行 3 个座位排列。

基本参数	
制造商	多尼尔公司
制造数量	217 架
生产年限	1991—2000 年
机身长度	21.11 米
机身高度	7.24 米
翼展	20.98 米
载客量	32 人
空重	8922 千克
最大起飞重量	13989 千克
巡航速度	620 千米 / 时
满载航程	1850 千米

机型特点

多尼尔 328 机型的生产线并不长久，由于公司本身有 Do 328JET 这款产品，而主要生产线保留在成本高昂的德国本土，却同时开发 Do 428JET、528JET、728JET 和 928JET 等多款支线客机，造成严重入不敷出，引致背负大量债务，其公司也于 2002 年宣布破产，而 Do 328JET 的生产也一度中止，而部分未完成的机体并封存在工厂中。

加拿大庞巴迪 Dash 8 民航客机

Dash 8 系列客机是加拿大庞巴迪宇航公司最畅销的机种，有 Dash8-100、Dash 8-200、Dash 8-300、Dash 8-400 等民用型号。

性能解析

Dash 8 系列螺旋桨客机除了可以适应严苛作业环境外，更非常适合高密度起降、潮湿及酷热的作业。配合高可靠率的普惠加拿大公司的 PW123 系列引擎，截至 2003 年 6 月，全球 Dash 8 机队平均派遣率高达 98.9%。除了高可靠性之外，Dash 8 的平直主翼及大型垂直尾翼提供非常良好的低速特性，大量使用高强度铝合金及先进复合材料，不但节省重量而且极为耐久，Dash 8 的机身寿命高达 8 万飞行小时 / 6 万次起降 / 32 年，远远超过同级竞争机种的平均水平。

基本参数	
制造商	庞巴迪宇航集团
制造数量	1110 架以上
生产年限	1983 年至今
机身长度	32.81 米
机身高度	8.3 米
翼展	28.4 米
翼面积	63.1 平方米
载客量	80 人
最大起飞重量	29260 千克
巡航速度	667 千米 / 时
满载航程	2522 千米

机型特点

Dash 8 系列客机拥有特殊的连体悬梯式登机门，使旅客上下机便捷迅速。特殊的机身结构设计，具有最少 8 万飞行小时或 6 万航次的耐用性。特殊的噪声振动抑制系统使客舱更加宁静舒适。截至 2011 年，Dash 8 系列客机总共出售达 1083 架，在全球达 83 个用户。

加拿大庞巴迪 CRJ 系列民航客机

CRJ 系列是由庞巴迪宇航集团研发的民用支线喷气式飞机，具有舒适性高、速度快及维护方便等优点。

性能解析

CRJ 系列在大飞机难以赢利的航线上具有极其独特的优越性，它不仅可用于扩大点对点的支线运输，还可用于增加从枢纽机场的辐射式运输，同时还能使航空公司改善旅客服务并提高效益。由于支线涡轮螺旋桨飞机逐渐退出民航舞台，而此时 CRJ 系列正好填补了市场上这一空缺，进一步促成了庞巴迪在支线航空领域的垄断地位。

机型特点

CRJ 系列自 1992 年投入服务以来，在速度、经济性及乘客舒适性等各方面受到航空公司的好评，截至 2000 年 9 月，CRJ 系列已获 1500 多架的订单和意向，使其成为历史上最畅销的支线喷气飞机。

基本参数	
制造商	庞巴迪宇航集团
制造数量	1500 架以上
生产年限	1990 年至今
机身长度	32.51 米
机身高度	7.57 米
翼展	23.24 米
载客量	50~100 人
空重	19731 千克
最大起飞重量	34926 千克
巡航速度	829 千米 / 时
满载航程	3708 千米

加拿大庞巴迪 C 系列民航客机

庞巴迪 C 系列是由庞巴迪宇航集团所研制的市场定位为 100~169 座级的双发动机窄体客机，是一款高效率、高舒适度、低噪声的飞机。

性能解析

与波音 787 和空中客车 A350 一样，C 系列的机身大量采用复合材料，客舱采用"3+2"座位排列设计，引擎挂在主翼下，类似波音 717 和 737 的结合型。CS100 和 CS300 将会有更大的窗户和行李架，而耗油量和营运成本会比对手分别少 20% 和 15%。庞巴迪 C 系列的航空电子系统由美国罗克韦尔·柯林斯公司供应，生产线会在蒙特利尔以北的工厂进行。

基本参数	
制造商	庞巴迪宇航集团
制造数量	尚未量产
生产年限	尚未量产
机身长度	38.7 米
机身宽度	3.7 米
翼展	35.1 米
载客量	160 人
最大有效载荷	18552 千克
最大起飞重量	65317 千克
巡航速度	870 千米 / 时
满载航程	5463 千米

机型特点

庞巴迪公司的 C 系列飞机是唯一针对 100~149 座单通道客机市场专门设计的全新客机系列。得益于包括前缘技术和系统综合、先进材料和最新一代气动力技术在内的良好设计，C 系列飞机可使用成本降低 15%、燃油效率提高 20%、无与伦比的灵活性、宽体客机的舒适性、无可匹敌的环保和低噪声特性。相对于许多商用飞机型号，CS100 飞机拥有无可匹敌的灵活性，并且是高温、高原和城市中心机场使用时的理想解决方案。

巴西 EMB-110 "先锋" 民航客机

EMB-110 "先锋" 是巴西航空工业公司研制的一款双发涡轮螺旋桨式轻型运输机，被 36 个国家的 80 多个用户采用。

性能解析

EMB-110 各型号之间的不同之处较多，以 P1A 型为例，其重大改进包括：为减小振动和噪声，水平尾翼上反角由 0°改为 10°。升降舵配重移至中心线处，升降舵调整片上加配重，升降舵操纵拉杆改为 2 套。旅客座椅仅和地板连接，改进了内部隔音衬垫和主客舱门的密封性。改用新型客舱地毯。通风系统进气口移至机头。

基本参数	
制造商	巴西航空工业公司
制造数量	501 架
生产年限	1968—1990 年
机身长度	15.1 米
机身高度	4.92 米
翼展	15.33 米
载客量	18 人
空重	3393 千克
最大起飞重量	5900 千克
巡航速度	341 千米/时
满载航程	1964 千米

机型特点

EMB-110 的研制生产促进了巴西航空工业公司的成立。它是根据巴西航空部关于一种能执行运输、导航训练和伤员运输等任务的通用航空飞机的技术要求研制的，是能同时满足民用和军用要求的轻型多用途运输机。2 架改进型 P1A 于 1983 年 12 月交付给美国波士顿省城航空公司。自第 439 架飞机开始，P1A 型作为标准生产型飞机替换了 P1 型飞机。

巴西 EMB-120 "巴西利亚" 民航客机

EMB-120 "巴西利亚" 是巴西航空工业公司研制的一款双发涡轮螺旋桨支线客机、货机。

性能解析

EMB-120 的特点是价格便宜、机载设备先进、使用维护费用低，曾是国际支线客机市场上的热销产品。该机采用低翼设计，机身采用半硬壳设计，机翼、襟翼、垂直尾翼、水平尾翼、机鼻和机尾采用少量复合材料构造。发动机由普惠公司提供，采用 4 叶片的 PW115，达 1103 千瓦。驾驶舱的电子设备由美国罗克韦尔·柯林斯公司提供。客舱采用 "2+1" 座位排列设计，载客量为 30 人。

基本参数	
制造商	巴西航空工业公司
制造数量	354 架
生产年限	1983—2001 年
机身长度	20 米
机身高度	6.35 米
翼展	19.78 米
载客量	30 人
空重	7070 千克
最大起飞重量	11500 千克
巡航速度	552 千米 / 时
满载航程	1750 千米

机型特点

1987 年推出的高性能的 EMB-120，采用 PW118A 引擎，大量采用复合材料，使空机重量大大减轻。在 1992 年推出的 EMB-120ER，增加了最大起飞重量，航程也有所增加，同时乘客行李最大重量也相应地提高。首架 EMB-120ER 在 1993 年 5 月交付给天西航空。巴西航空工业提供翻新服务给航空公司，把旧式 EMB-120 翻新为 EMB-120ER。EMB-120 也设有货机型机，包括以 EMB-120ER 为基础的全货机型 EMB-120C、能载 19 人的客货混合型 EMB-120 Combi 及能在 40 分钟内客货机转换的 EMB-120QC。

巴西 ERJ-135/140/145 民航客机

ERJ-145（Embraer Regional Jet，巴西航空工业地区喷气）是巴西航空工业公司研制的第一种涡扇支线客机。

性能解析

ERJ-145 与 EMB-120 有 75% 的零部件通用，不同之处在于 ERJ-145 采用中涵道比涡扇发动机，机翼重新设计并装有翼梢小翼，2 台发动机采用尾吊方式。ERJ-145 的机身横截面也与 EMB-120 相同，但机身有所加长，以适应载客量增加的需要。与 ERJ-145 相比，ERJ-135 和 ERJ-140 的主要改变就是机身长度。

机型特点

基本参数	
制造商	巴西航空工业公司
制造数量	890 架以上
生产年限	1989 年至今
机身长度	29.87 米
机身高度	6.76 米
翼展	20.04 米
载客量	50 人
最大有效载荷	5909 千克
最大起飞重量	18500 千克
巡航速度	851 千米 / 时
满载航程	3706 千米

ERJ-145 概念最初出现于 1989 年的巴黎航空展，它像是 EMB-120 的加长型，但是增加了小翼，发动机固定于机身后部。2001 年才投产的 ERJ-140 是 145 型的缩小型，机身缩小了 1.42 米，最大载客量为 44 人，最大航程为 2200 千米，其后又推出了 LR 的加长航程型号，使其最大航程达到 3000 千米，此型号的主要客户为美鹰航空。由于其改型与 145 型差别不大，故得不到大量订单。ERJ-135 是 ERJ-145 系列最小的型号，也是其中订单量最少的型号。

巴西 ERJ-170/175/190/195 民航客机

ERJ-170/ 175/ 190/ 195 系列是巴西航空工业公司面向 21 世纪研发的新型喷气式客机。

性能解析

ERJ-170/ 175/ 190/ 195 是按系列化概念设计的飞机，提供通用的系统和零件，采用相同的地面保障设备，可以减少用户对备件的需求，驾驶员只需相同的驾驶资格，并可采用标准化的培训和维修程序。该系列 4 个机型之间具有极高的通用性可使航空公司节省大量运营和培训成本。此外，这 4 种机型均提供了基本型和延程型两种规格供用户选择。

基本参数	
制造商	巴西航空工业公司
制造数量	947 架以上
生产年限	2001 年至今
机身长度	38.65 米
机身高度	10.28 米
翼展	28.72 米
最大载客量	122 人
空重	28970 千克
最大起飞重量	52290 千克
巡航速度	890 千米 / 时
满载航程	4077 千米

机型特点

ERJ-170/ 175/ 190/ 195 具有高效率、经济性的特点，符合人机工程学的原理，受到了客户和市场的广泛欢迎。目前，巴西航空工业公司接到超过 1551 架 ERJ-170/ 175/ 190/ 195 系列飞机的订单，超过 650 架飞机投入营运。累计飞行时间超过 440 万小时。该公司在全球的 ERJ-170/ 175/ 190/ 195 机队平均每天的利用率达到 7.13 飞行小时，最新的签派可靠性和任务完成率分别达到 99.23% 和 99.86%。

俄罗斯伊尔 -18 民航客机

伊尔 -18 是苏联伊留申设计局（现为伊留申航空联合体）研发的四发涡轮螺旋桨短程客机。

性能解析

伊尔 -18 与同时代的安 -10 客机尺寸相似，但较注重装饰方面的设计。伊尔 -18 的主要型别有：伊尔 -18，基本型，载客 84 人；伊尔 -18B，标准型，载客 110 人；伊尔 -18D，改进型，65 个座位，为一级客舱标准。当伊尔 -18 投入使用时，英、美等国还没有同等的飞机可与之相比。虽然英国的"子爵"式涡桨运输机出现较早，但它的载重量只有伊尔 -18 型飞机的一半。

基本参数	
制造商	伊留申设计局
制造数量	564 架
生产年限	1956—1978 年
机身长度	35.9 米
机身高度	10.16 米
翼展	37.4 米
载客量	110 人
空重	35000 千克
最大起飞重量	64000 千克
巡航速度	625 千米 / 时
满载航程	6500 千米

机型特点

伊尔 -18 以其出色的可靠性和高效率而闻名，理所当然地成了当时苏联政府中的高级官员座机的首选。包括赫鲁晓夫和勃列日涅夫在内的苏联领导人都曾使用伊尔 -18 作为在苏联国内度假或是视察工作的交通工具。从 20 世纪 50 年代开始，伊尔 -18 几乎成了苏联民航的象征。在世界主要的机场和各大航展上都能看到它们繁忙的身影，向人们展示红色帝国的航空工业和民航系统所取得的成就。

俄罗斯伊尔 –62 民航客机

伊尔 –62 是苏联伊留申设计局研制的四发动机远程喷气式客机，北约代号称为"文豪"。

性能解析

伊尔 –62 外形最显著的特点是采用T形尾翼，后机身左、右两侧各并排安排 2 台发动机。由于机尾安装发动机的位置的影响，采用高平尾布局，增加了垂直尾翼结构的复杂性和重量。机体出现空载与满载的重心移动距离较大的问题，装卸货物时可放下液压操纵的双轮支柱支撑后机身。

基本参数	
制造商	伊留申设计局
制造数量	292 架
生产年限	1963—1995 年
机身长度	53.12 米
机身高度	12.35 米
翼展	43.2 米
载客量	186 人
空重	71600 千克
最大起飞重量	165000 千克
巡航速度	900 千米 / 时
满载航程	10000 千米

机型特点

由于伊尔 –86 和伊尔 –96 远程客机在商业上的失败，同时其他新型远程客机数量较少，伊尔 –62 及其改进型号不得不继续充当俄罗斯民航运营远程国际航线的主力，这些飞机大多安装了新型导航、通信系统及降低噪声和污染的发动机短舱，以满足有关适航规定。相比于其他新型远程客机，伊尔 –62 及其改进型号的运营成本相对较高。2008 年金融危机之后，仍在运营的伊尔 –62 及其改进型号的数量大大减少。

俄罗斯伊尔－86 民航客机

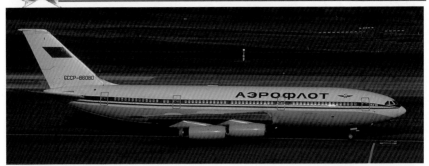

伊尔－86 是苏联伊留申设计局研发的四发动机大型双过道宽体客机，也是苏联第一种宽体客机。

性能解析

伊尔－86 是苏联设计的第一种翼下吊挂布局的客机。飞机设计与西方宽体客机基本相同，但在发动机短舱设计、起落架布置和机舱安排等方面有独到之处。伊尔－86 机体主要为铝合金铆接结构，采用了部分钛合金锻件和特种钢材，并采用了经过表面处理的双曲率壁板、化学铣壁板和蜂窝夹层壁板，还采用铰接铆接工艺和钛合金螺栓。飞机设计寿命 40000 飞行小时或 20000 个起落。

基本参数	
制造商	伊留申设计局
制造数量	106 架
生产年限	1977—1994 年
机身长度	59.94 米
机身高度	15.81 米
翼展	48.06 米
翼面积	320 平方米
载客量	234 人
最大起飞重量	208000 千克
巡航速度	900 千米/时
满载航程	4593 千米

机型特点

伊尔－86 设计最独特的地方是设于客舱下的登机楼梯，主要于不设登机桥的闸口使用。每边机身 2 个。在使用时，乘客可以在上机的同时，把他们的行李放到客舱下的行李空间。减少了飞机对机场设施的依赖和节省飞机进行下一次飞行的时间。但是这种楼梯不可以在紧急时使用。在 2006 年 10 月 23 日，俄罗斯航空对外表示由于该飞机于夏天飞行花费不少，而且又存在燃料、噪声问题，所以在同年 11 月 15 日开始取消伊尔－86 机型的飞行。

俄罗斯伊尔-96民航客机

伊尔-96是伊留申设计局研发的一款四发远程宽体客机。

性能解析

伊尔-96应用了带翼梢小翼的超临界机翼、"玻璃座舱"和电传飞行操作控制系统等先进技术，使用寿命达60000飞行小时。该机采用普通半硬壳式轻铝合金圆形截面结构，主驾驶舱和地板下货舱的地板为蜂窝结构。伊尔-96装4台索洛维耶夫PS-90A高涵道比涡轮风扇发动机，放置在机翼前缘的发动机吊舱内。驾驶舱有3名空勤人员：1名驾驶员，1名副驾驶员和1名飞行工程师。下层舱设有1个前货舱，可放置6个LD3集装箱，机翼后的中货舱可放置10个LD3集装箱或货盘。

基本参数	
制造商	伊留申设计局
制造数量	29架
生产年限	1993年至今
机身长度	63.94米
机身高度	15.7米
翼展	60.11米
载客量	436人
空重	122300千克
最大起飞重量	265000千克
巡航速度	870千米/时
满载航程	12000千米

机型特点

伊尔-96-300是伊尔-96中最早的型号。它配备了俄罗斯航空器零件制造集团（索洛维耶夫）PS90A涡轮风扇发动机。其研发工作自20世纪80年代中期开始，1992年12月29日获得俄罗斯航空部门颁发的适航证。当达到最大载客量235人之后，伊尔-96-300可以直飞从莫斯科到美国西海岸的航线，并可以与空中客车A340和波音777等同级别客机进行竞争。伊尔-96-300也被俄罗斯总统弗拉基米尔·普京选中，作为他的VIP专机。

俄罗斯雅克 –40 民航客机

雅克 –40 是苏联雅克夫列夫设计局（现为俄罗斯雅克航空器集团）研制的一款三发短程喷气式支线运输机。

性能解析

雅克 –40 有客机、专机、货运机、客货混合机和救护机等型别，除了 40 座的客机的机身加长 2 米之外，其他型都只是机舱布局不同，结构并无多大区别。货运型在机身左侧增加了 1 个 1.5 米 ×1.6 米的货舱门。客机型有 27~32 座和 16~20 座等不同的客舱布局。雅克 –40 装有 3 台伊夫琴科 AN–25 涡轮风扇发动机，单台推力 14.7 千牛。该机最大商务载重为 2720 千克，最大载油量为 4000 千克。

基本参数	
制造商	雅克航空器集团
制造数量	1011 架
生产年限	1967—1981 年
机身长度	20.36 米
机身高度	6.5 米
翼展	25 米
载客量	40 人
空重	9400 千克
最大起飞重量	16000 千克
巡航速度	550 千米 / 时
满载航程	2000 千米

机型特点

雅克 –40 是为了取代里舒诺夫 Li –2 而研制的一种可以在草坪机场起降的机型。雅克 –40 的客户还有古巴、保加利亚、赞比亚、老挝、波兰、埃塞俄比亚、越南、南斯拉夫等国。法国、德国等国家也订购了一定数量，至今没有一种俄制飞机能够超过它。

俄罗斯雅克-42 民航客机

雅克-42 是雅克夫列夫设计局研制的三发中短程运输机，主要供西伯利亚干线向南北两侧延伸的中短程航线使用。

性能解析

雅克-42 的主要设计目标是结构简单、使用可靠、经济性好，能在气象条件差别很大的边远地区使用。该机采用全金属铆接和焊接半硬壳式硬铝结构，主机身为圆形剖面，后机身为卵形剖面。悬臂式下单翼，由 1 个中翼段和 2 个外翼段组成。驾驶舱内并排 2 名驾驶员，必要时可增加 1 名工程师。全经济舱 120 个座位，每排 6 座，排距 75 厘米，中央过道宽 45 厘米，也可布置 104 个座位，客舱前后有随身行李和衣帽间。

基本参数	
制造商	雅克航空器集团
制造数量	178 架
生产年限	1980—2003 年
机身长度	36.38 米
机身高度	9.83 米
翼展	34.88 米
载客量	120 人
空重	34518 千克
最大起飞重量	57017 千克
巡航速度	750 千米/时
满载航程	2200 千米

机型特点

1988 年推出的雅克-42D 拥有较高的净重，以及比较先进的航电设备，D 型的满载航程有 2200 千米，飞机客舱的内部也比原型更好。在 1989 年开始至 2002 年停产为止，雅克-42D 是生产线上唯一的量产型号。在 1997—1998 年，又分别推出了雅克-42D-100 和雅克-142 两款配备西方系统的雅克-42 衍生型号。但两者都未能吸引国外订单，使雅克夫列夫设计局于 2002 年年中终止其开发。

俄罗斯图-134民航客机

图-134是苏联图波列夫设计局研发的双发动机窄体客机。

性能解析

图-134是在图-124(世界上第一种短途涡扇运输机)的基础之上,将机翼下的发动机后移至机尾处,再改用T形尾翼而成。该机是苏联第一种能符合西方标准的客机,它良好的适应性可以在苏联和华约国家的大多数机场内降落。不过,图-134早期型号配备的D-30发动机没有反推力装置,因此需要配备减速伞才能在某些机场降落。

机型特点

1967年9月,图-134从莫斯科飞往阿德列尔国际机场,完成了其第一次商业飞行。1968年,图-134作为苏联第一种对外出口的客机入住东德国际航空公司。同年,图波列夫将图-134加长并更换了改进的D-30发动机,开发出了第一个改进型号图-134A。这个新型号于1969年4月22日完成首飞,第一次执行航班任务则是在1970年11月9日。

基本参数	
制造商	图波列夫设计局
制造数量	852架
生产年限	1966—1985年
机身长度	37.1米
机身高度	9.02米
翼展	29米
载客量	84人
空重	27960千克
最大起飞重量	47600千克
巡航速度	900千米/时
满载航程	3000千米
实用升限	12100米

俄罗斯图-144民航客机

图-144 是苏联图波列夫设计局研制的超音速客机，也是世界上最先首飞的超音速民航客机。

性能解析

图-144 采用下单翼结构，狭长的三角翼，无水平尾翼，4 台发动机也分别下挂在机翼下侧。图-144 由于在技术上和经济性方面存在问题，在研制过程中还发生过两起重大事故，极大地影响并限制了它的应用与发展，它只在极少的航线进行了少量的民航航班运营，创造了一些航空纪录，到 1984 年后就彻底停止了商业飞行。

机型特点

图-144 超音速客机外观上，气动布局与协和式飞机非常类似，但是图-144 比协和式飞机机体更大，载客量、航程、速度等技术指

基本参数	
制造商	图波列夫设计局
制造数量	16 架
生产年限	1968—1984 年
机身长度	65.5 米
机身高度	12.5 米
翼展	28.8 米
载客量	140 人
空重	99200 千克
最大起飞重量	207000 千克
巡航速度	2120 千米 / 时
满载航程	6500 千米

标均优于协和式飞机，乘坐舒适度也优于协和式飞机。由于服役期间短，图-144一直不被视为是成功的机型。此外，图波列夫设计局并未放弃在超音速客机上的研制工作，在 1993 年巴黎航空博览会上展出了其第二代超音速运输机图-224的模型。

俄罗斯图-154民航客机

图-154 是苏联图波列夫设计局研发的一款三发动机中程客机。

性能解析

图-154 机身尾部装有 3 台发动机以及 T 形尾翼的基本布局，与波音 727 相似。图-154 结构稳固，推重比较好，起飞表现良好，能从凹凸不平的跑道上起飞，拥有 14 个大型低压轮胎使其能于积雪而未平整的跑道上降落。对习惯波音客机的乘客来说，图-154 的机舱好像比较狭窄。这是因为机舱截面内部呈椭圆形和天花板比一般西方研发的客机低。图-154 客舱门也比西方同类机型的小，而且客舱顶行李架的位置也十分有限。

基本参数	
制造商	图波列夫设计局
制造数量	1026 架
生产年限	1968—2013 年
机身长度	48 米
机身高度	11.4 米
翼展	37.55 米
载客量	180 人
空重	55300 千克
最大起飞重量	104000 千克
巡航速度	950 千米 / 时
满载航程	6600 千米

机型特点

开发图-154 的目的是作为新一代的苏联喷射运输机以取代喷射机图-104 和 An-10 及伊尔-18 这类旧式螺旋桨式运输机飞机。图-154 这种多功能的客机有很多型号。除了重量和发动机等一般的区别外，图-154 也有利用不同燃料的所衍生的不同型号。如西方同类机种，波音 727 一样，很多图-154 都装上了降噪装置，还有一些被改装成了货运机。

俄罗斯图 -204 民航客机

图 -204 是苏联图波列夫设计局研发的双发动机中程客机,用于取代图 -154 客机。

性能解析

图 -204 系列飞机涵盖了客运、货运、客货两用以及客货快速转换各种型别,其突出优点是价格便宜。该机采用全金属半硬壳式椭圆形机身,由铝锂合金和钛合金制造,机头雷达罩和一些舱盖采用复合材料。全金属结构下单翼,采用超临界翼形,后掠角 28°。部分蒙皮采用复合材料,扰流片、减速板和襟翼都采用碳纤维蒙皮,翼根整流罩为玻璃纤维复合材料制成,机翼前缘部分采用复合材料。翼尖带有翼梢小翼。

基本参数	
制造商	图波列夫设计局
制造数量	70 架以上
生产年限	1990 年至今
机身长度	46.14 米
机身高度	13.9 米
翼展	41.8 米
载客量	210 人
最大有效载荷	21000 千克
最大起飞重量	103000 千克
巡航速度	810 千米 / 时
满载航程	4500 千米

机型特点

图 -204 有多种型号。图 -204-100 是基本型,经济舱座位以"3+3"排列方式设计,与西方民航机相近,但规格和性能都比 757 逊色。最大航程为 6500 千米。图 -204-120/ 120C 采用劳斯莱斯引擎,主要用于出口。最大航程为 6300 千米。而图 -204-120C 则是货机型号,采用与波音 757 相同的劳斯莱斯 RB211-535 引擎,首个客户是开罗航空。因为波音 757 的停产,劳斯莱斯也不再提供该引擎,因此此型号也停产了。

俄罗斯图 -334 民航客机

图 -334 是俄罗斯图波列夫设计局研发的双发动机支线客机。

性能解析

图 -334 的机身使用图 -204 的设计，但其长度被改短，机尾采用 T 形设计，2 台引擎置于机尾两侧，有别于引擎置于翼下的西方传统设计。图 -334 具有较高的使用性能，先进的气动外形和发动机使其具有极其经济的油耗。图 -334 的 D-436T-I 双涵道涡轮喷气发动机由乌克兰进步机器设计局研制，是一种较为成熟的产品。图 -334 基本型的航程较长，使其在支线航线上无须加油便可往返飞行。图 -334 可根据订货者的要求配备各种型号的发动机和航空设备，包括西方制造的机载设备，以使该机出口到欧洲各国。

基本参数	
制造商	图波列夫设计局
制造数量	2 架（原型机）
生产年限	尚未量产
机身长度	31.26 米
机身高度	9.38 米
翼展	29.77 米
载客量	102 人
空重	30050 千克
最大起飞重量	47900 千克
巡航速度	850 千米/时
满载航程	3150 千米

机型特点

由于欧盟从 2002 年 4 月 1 日起实行了新的飞机噪声标准，噪声过大的俄罗斯图 -134、伊尔 -86 等客机已被限制飞往部分欧盟国家。为此，俄罗斯图波列夫航空科技集团公司和齐奥尔科夫斯基空气流体动力学研究所正在加紧试验图 -334 型短程客机。

担任图 -334 客机总设计师的卡雷金说，图 -334 型客机的样机于 1995 年研制成功，在不断改进之后，图 -334 不但达到了欧盟正在实行的飞机噪声标准，而且符合欧盟于 2006 年采用的更加严格的噪声标准。

俄罗斯安 –24 民航客机

安 –24 是苏联安东诺夫设计局研制的双发中短程涡轮螺旋桨运输机。

性能解析

安 –24 采用全金属半硬壳式结构，前、中、后 3 段机身为铰接焊接连接而成。悬臂式上单翼，全金属双梁结构。该机使用 2 台伊伏琴柯 AI–24A 涡桨发动机，单台功率 1875 千瓦。

驾驶舱内有驾驶员，副驾驶员兼无线电报务员，客舱有 1 名服务员。正常座舱布局可载客 50 人。客舱有增压和空调系统，客舱后部有厨房和厕所。全货型的货舱门在机身的右前方，后货舱门在机尾腹部，设有厨房、厕所和工作人员休息舱。应急出口在驾驶舱后面的地板上。军用运输型可载 30 名伞兵和 38 名全副武装士兵，救护型可载 24 名担架伤员和 1 名护士。

基本参数	
制造商	安东诺夫设计局
制造数量	1367 架
生产年限	1959—1979 年
机身长度	23.53 米
机身高度	8.32 米
翼展	29.2 米
载客量	50 人
空重	13300 千克
最大起飞重量	21000 千克
巡航速度	450 千米 / 时
满载航程	2400 千米

机型特点

安 –24B 是对基本型进行的改进，可载 52 名乘客，客舱可布置成全客型、客货型、全货型或专机型。右发动机短舱后部安装 1 台起动机。安 –24 货运型（安 –24RT）基本上与安 –24B 相同，取消了后登机门，货舱后部增加 1 个机腹货舱门。后舱门打开后可空投货物和伞兵。该型机还可作空中救护机。安 –24RV 基本上与安 –24 相同，右发动机短舱内装 1 台辅助动力装置，用来代替原来的起动机，改善了发动机起飞性能，最大起飞重量增加了 800 千克。该型号还有货机型号。

乌克兰安 –72 民航客机

安 –72 是苏联安东诺夫设计局(现为乌克兰安东诺夫航空科研技术联合体)研发的一款运输机。

性能解析

安 –72 的最大特点是它的发动机置于机翼之上,吹出的气流在机翼上表面流过,利用附壁作用,产生大量额外升力,改善短距离起降的能力,同时减少发动机吸入地面碎片的可能。安 –72 的动力装置为 2 台洛塔列夫 D–36 高涵道比涡扇发动机。驾驶舱内有正、副驾驶员和飞行工程师,主货舱可运送 32 名乘客或 24 名伤员加 1 名护士。

机型特点

安 –72 有多种衍生型。安 –72A 是轻型短距起落运输机,可供军民两用。其翼展加大,机身加长,2 名或 3 名空勤人员。安 –72AT 是安 –72A 的货运型,可携带国际标准集装箱。安 –72S 是行政机型,分为 3 个隔舱,后舱可携带轻型车辆,沿侧壁可乘坐 38 人。安 –72 具有明显的军事潜力,在支援雅克 –36 垂直起落战斗机作战方面也是一种比较理想的飞机。

基本参数	
制造商	安东诺夫设计局
制造数量	200 架以上
生产年限	1977 年至今
机身长度	28.07 米
机身高度	8.65 米
翼展	31.89 米
载客量	52 人
空重	19050 千克
最大起飞重量	34500 千克
巡航速度	600 千米 / 时
最大速度	700 千米 / 时
满载航程	4325 千米

乌克兰安 –148 民航客机

安 –148 是由安东诺夫联合俄罗斯和乌克兰的众多航空企业共同研制生产的支线客机。

性能解析

为了最大限度满足各类航空公司对运营灵活性和降低使用成本、提高运营利润的要求，安 –148 系列从 2200 千米到 5100 千米航程型均将获得适航证。市场调研显示，其技术经济性能满足大多数航空公司的需求。安 –148 系列装有现代化的导航和无线电通信设备，多功能驾驶舱显示器和飞行控制系统，使其可在任何航线、简单和复杂气候条件下昼夜飞行。该机有合理选择的客舱长度和每排"2+3"的座椅布局 (单通道，左 2 排和右 3 排)。舱内布局可在 55 ～ 80 名乘客范围内按照不同形式进行组合。

基本参数	
制造商	安东诺夫设计局
制造数量	26 架以上
生产年限	2004 年至今
机身长度	30.83 米
机身高度	8.2 米
翼展	28.56 米
载客量	50 人
最大起飞重量	43700 千克
巡航速度	870 千米 / 时
满载航程	2500 千米

机型特点

安 –148 因售价便宜，性能好，受到不少国际用户的关注，但该机缓慢的生产速度是其目前面临的最大难题。该机用户主要是俄罗斯国内多家航空公司，用于俄罗斯国内航线，俄总统专机航空队也有 3 架该机。除此之外，古巴也是安 –148 客机的用户。

俄罗斯 SSJ-100 民航客机

SSJ-100 是由俄罗斯苏霍伊航空集团的子公司——苏霍伊民用飞机公司研制生产的支线客机。

性能解析

SSJ-100 客机 95 座基本型的售价约为 2800 万美元，比一些国外同类机型的价格低 15% 左右。该机分为基本型和远程型，有 60 座、75 座和 95 座布局，其中 95 座基本型的设计航程 4590 千米。SSJ-100 装备了由法国斯奈克玛公司和俄罗斯土星研究局联合研制的 SaM146 发动机。该发动机的推力在试验中达到了 8347 千克，大幅超过了设计值。飞机的机载电子设备主要由意大利和法国著名航空电子设备生产商提供。

基本参数	
制造商	苏霍伊民用飞机公司
制造数量	33 架以上
生产年限	2011 年至今
机身长度	29.94 米
机身宽度	10.28 米
翼展	27.8 米
载客量	103 人
空重	25100 千克
最大起飞重量	41000 千克
最大速度	828 千米 / 时
最大航程	4578 千米

机型特点

SSJ-100 是苏霍伊进入民航客机领域的一个尝试，SSJ 意为 Sukhoi Superjet，即苏霍伊超级喷气机。SSJ-100 是俄罗斯第一种按西方适航标准设计的民用飞机。该机型将取代俄国内现役的图-134 客机，并将参与全球支线客机市场的竞争。该机型被认为是与加拿大庞巴迪 CRJ 系列、巴西航空工业公司 E 系列以及中国商飞的 ARJ21 相竞争的产品。该机已经首飞成功，并获得了可观的订单。

荷兰福克 F27 民航客机

F27 "友谊"是由荷兰福克公司研发的一款涡轮螺旋桨小型客机。

性能解析

F27 最先的生产型号是 F27–100，为 44 座客机。其他民用型号包括：F27–200，搭载劳斯莱斯 Dart Mk532 发动机。F27–300 Combiplane，货运型。F27–400，客货两用型，采用劳斯莱斯 Dart 7 发动机。F27–500，机身增长，采用劳斯莱斯 Dart Mk528 发动机，载客量 52 人。F27–500F，供澳大利亚使用的 F27–500 改型，缩小登机门。F27–600，基于 F27–100 加大货物用登机门。F27–700，基于 F27–100 加大货物用登机门。

基本参数	
制造商	福克公司
制造数量	586 架
生产年限	1955—1987 年
机身长度	25.06 米
机身高度	8.72 米
翼展	29 米
载客量	56 人
空重	11204 千克
最大起飞重量	19773 千克
巡航速度	460 千米 / 时
满载航程	2600 千米

机型特点

F27 是一款由荷兰飞机制造商福克生产的涡轮螺旋桨飞机，属于 32 座等级的小型客机，经常被用于区域性或离岛航线等航程较短的路线。20 世纪 80 年代初，福克公司研制出其后继 F50 型飞机。新飞机自 F27–500 型号改进而成，加装了加拿大普惠公司研制的引擎及现代化系统，使得性能表现及乘客舒适性远优于 F27 型。

荷兰福克 F28 民航客机

F28 "伙伴" 是荷兰福克公司主导研发的一款喷气式客机。

性能解析

福克 F28 采用与其他同时代客机如英国 BAC 1-11、美国 DC-9 很接近的形态设计，即采用 T 形尾翼，2 台劳斯莱斯 Spey 550 发动机。该机包括以下型号：F28-1000，最初生产型；F28-2000，机身加长了 2.2 米，可载乘客 79 名；F28-4000，加长型，可载客 85 名；F28-5000，缩短型；F28-6000，加长型。

机型特点

F28 安全性出色，在各国拥有的众多各款机型中，只有少量失事坠毁。2004 年 10 月 8 日，在孟加拉国西尔赫机场，孟加拉航空第 601 号航班是一架福克 F28 客机，在着陆时冲出跑道，不过无人员伤亡。

基本参数	
制造商	福克公司
制造数量	241 架
生产年限	1967—1987 年
机身长度	29.62 米
翼面积	78.97 平方米
翼展	25.07 米
载客量	85 人
最大起飞重量	33000 千克
巡航速度	843 千米 / 时
满载航程	2743 千米

荷兰福克 F50 民航客机

福克 F50 为荷兰福克公司研发的一款双发涡轮螺旋桨支线客机。

性能解析

　　F50 的外形尺寸与 F27 基本相同，采用了 F27 经过考验的机体，但在布局上做了改进，结构也做了修改，如将旅客登机门改到前机身左侧，去掉了大的货舱门，增加了客舱窗户。

　　F50 相较于 F27 的差别还包括：F50 换装普惠加拿大公司的燃油效率更高的 PW125B 涡桨发动机，重新设计了发动机短舱，使用道蒂·罗托尔公司的新型 6 桨叶螺旋桨。采用了先进的电子设备。在机翼、平尾、垂尾、机头整流罩、发动机短舱和螺旋桨上部分或全部使用了复合材料。用液压系统代替冷气系统等。

基本参数	
制造商	福克公司
制造数量	213 架
生产年限	1987—1997 年
机身长度	25.25 米
机身高度	8.32 米
翼展	29 米
载客量	68 人
空重	12250 千克
最大起飞重量	20820 千克
巡航速度	530 千米 / 时
满载航程	2055 千米

机型特点

　　由于法国达索飞机公司多年来一直生产 F27 的机身，因此福克 F50 的机身仍由该公司生产。机身为全金属应力蒙皮破损安全结构，由胶接的圆柱段和铆接的锥形段组成。另外，福克 F50 在加工工艺上大量采用金属胶接技术，使该机金属胶接零件有 4000 多个，组成部件 500 多个；整个机身都进行了防腐处理；改善了乘坐舒适度和机上设施。

荷兰福克100民航客机

福克100是荷兰福克公司研制的一款双发动机中型窄体客机。

性能解析

福克100有着比福克F28更长的机身，但维持固有经济舱"3+2"的座位布局。设计团队为福克100重新设计了后掠翼，驾驶舱也以多功能显示屏玻璃座舱取代了传统的指针式仪表。福克100所采用的2台发动机置于机身后段，与福克F28相同，均为英国劳斯莱斯Tay Mk. 650-15涡轮扇发动机。

机型特点

在现代航空史上，福克50及福克100都有着十分卓著的名声，不仅飞行效率好、可靠性高、容易操控还非常省油。截至2006年2月，仍有259架福克100服役。可是在欠缺原厂商的支援下，许多航空公司已经由其他新设计的飞机取代福克100，如华信航空便以ERJ-190系列取代福克100。

基本参数	
制造商	福克公司
制造数量	283架
生产年限	1986—1997年
机身长度	35.53米
机身高度	8.5米
翼展	28.08米
载客量	122人
空重	24541千克
最大起飞重量	45810千克
巡航速度	845千米/时
满载航程	3170千米

瑞典萨博 340 民航客机

萨博 340 是由瑞典萨博公司研发生产的一款双发短程涡轮螺旋桨客机。

性能解析

　　萨博 340 的驾驶舱设 2 个驾驶员座椅，1 个观察员座椅，服务员座椅在客舱左前方。客舱内最多可安排 35 座。每排 3 座，共 11 排，客舱中间有过道，右前方有 2 个面向后的座椅。客舱左前方的食品间、衣帽间或储藏间是标准设备。客舱后壁是活动的。客舱前后均设厕所。客舱门在机身左前部，向外打开并备有登机梯。乘客座椅下部留有放行李的空间，备有舱顶行李架。客舱之后是主行李舱，左后部有大货舱门。

基本参数	
制造商	萨博公司
制造数量	459 架
生产年限	1983—1999 年
机身长度	19.73 米
机身高度	6.97 米
翼展	21.44 米
载客量	37 人
空重	8140 千克
最大起飞重量	13155 千克
巡航速度	467 千米 / 时
满载航程	1732 千米

机型特点

　　萨博 340B 采用了 GE CT7-9B 发动机，拥有较大的马力，巡航速度增加至 467 千米 / 时，最大起飞重量为 13155 千克，航程达 1732 千米，萨博 340B 在 1989 年开始交付。后来也推出了萨博 340B Plus，是 340B 的增强型，主要扩大了翼尖面积和客货转换型萨博 340A QC。萨博 340 也成了日后萨博 2000 的设计基础，但萨博 2000 的销量惨淡，令萨博退出民航机生产市场，改为提供部件给其他大型飞机生产商。萨博 340 于 1999 年停产，共生产了 459 架。

瑞典萨博 2000 民航客机

萨博2000是由瑞典萨博公司在萨博340基础上研发的一款涡轮螺旋桨客机。

性能解析

萨博 2000 是萨博 340 的加长版，机身横切面与萨博 340 一样宽 2.16 米，机身延长了 7.55 米，标准载客量为 50 人，最大载客量达 58 人。驾驶舱采用 6 个洛克韦尔·柯林斯 Pro Line 4EFIS 显示器，以全权数位发动机控制系统管理发动机，采用 2 台艾里逊公司 GMA 2100 发动机，配置 6 片扇叶，发动机位置远离客舱，并有一个专门的系统来降低客舱噪声。

基本参数	
制造商	萨博公司
制造数量	63 架
生产年限	1994—1999 年
机身长度	27.28 米
机身高度	7.73 米
翼展	24.76 米
载客量	58 人
空重	13800 千克
最大起飞重量	22800 千克
巡航速度	665 千米 / 时
满载航程	2868 千米

机型特点

萨博 2000 在萨博 340 的基础上翼展增加了 15%，其速度更快，目的是希望在支线客机市场占有更多席位，希望能以低营运成本这一优点击败支线喷射客机。然而庞巴迪宇航和巴西航空工业已经研制出一款与萨博 2000 同样座级的喷射机 CRJ 与 ERJ-145 系列，速度比仍然使用涡轮旋桨的萨博 2000 快很多，这对萨博来说是一个大威胁。

Chapter 05

民用货机

民用货机是指以包机或定期航班的形式专门运输货物的飞机。专门为货运而设计的民用飞机很少。大多数民用货机都是由客机改装而成的，很多干线飞机都有专门的货机型号。为了装货的需要，货机往往会将客机客舱内的座椅、装饰和生活服务设施拆卸，并将地板加强，以提高承压能力。

美国波音 747-400LCF 货机

波音 747-400LCF 是波音公司设计的一款特殊大型货机，主要用途是运输波音 787 客机的部件去各部门进行组装。

性能解析

747-400 LCF 货机是在波音 747-400 客机的基础上改进而来的，除机体上的大幅修改外，机翼设计也有小幅变更。747-400 LCF 的机翼原本仍保持 747-400 的形状，但试飞后数据显示装有翼尖小翼会造成不规则扰动，最终波音决定移除翼尖小翼。此外，747-400 LCF 的货舱容量是 747-400 的 3 倍（1845 立方米），垂直

基本参数	
制造商	波音公司
机身长度	71.68 米
机身高度	21.54 米
翼展	64.4 米
空重	180530 千克
最大起飞重量	364235 千克
巡航速度	878 千米 / 时
满载航程	7778 千米

尾翼则增加 1.5 米以提升操纵力，机尾则增加了 3 米。与一般大型货机经常采用的"掀罩式"货舱门不同，在装卸货物时波音 747-400 LCF 的货舱门是以横向方式开启，让波音 787 的大型零组件能够简单而迅速的装卸，缩短生产线时间。

机型特点

波音早在 2004 年 10 月时就已经确定 LCF 的基本构形，其机身结构是由波音位于美国华盛顿州普吉特海湾的结构设计小组与位于加利福尼亚州卡诺加公园的波音火箭动力实验室联手负责，而位于俄罗斯莫斯科的波音设计中心则负责 LCF 大幅扩大的上层机身、后段机身，以及连接扩大过的机身与原机身结构的三角形过渡结构。西班牙的加美萨航空负责设计 LCF 机尾处的横开式货舱门，荷兰的施托克 – 福克负责设计隔离 LCF 货舱与驾驶舱 2 个区块的加压火墙，最后再交付我国台湾地区的长荣航太科技（本身是长荣航空与通用电气共组的合资企业）进行改装。

美国波音 757-200PF 货机

波音 757-200PF 是波音 757 系列中的货机型，1987 年 9 月开始交付使用。

性能解析

757-200PF 采用劳斯莱斯 RB211 系列发动机。虽然 T 形尾翼拥有风阻小的优点，但因为容易使飞机失速，最终 757-200PF 的设计仍使用传统的垂直尾翼。757-200PF 没有乘客舷窗和舱门，机身前侧增开了 1 个大型货舱门。757-200M 客货混合型，保留了标准客舱和客舱其他设备，货舱与 757-200PF 相同，仅生产 1 架，于 1988 年交付尼泊尔航空公司使用。

基本参数	
制造商	波音公司
机身长度	47.32 米
垂尾高度	13.56 米
翼展	38.05 米
空重	85300 千克
最大起飞重量	115650 千克
巡航速度	870 千米/时
满载航程	7275 千米

机型特点

波音 757 系列飞机的性能非常优异，也因其高的爬升速度而不时被称为"火箭飞机"，另外有一些航空公司选用 757 来往气候较热和地势较高的目的地，例如墨西哥城，因为它在以上地方的性能也比其他机型出色。757-200PF 是 757-200 的货运型，1985 年美国联合包裹服务公司（UPS）订购后开始生产。

美国波音 767-300F 货机

波音 767-300F 是波音 767 系列中的货机型号，1995 年投入使用。

性能解析

波音 767-300F 拥有 2 台涡轮风扇发动机 (普惠 JT9D 或通用电气 CF6)、常规尾翼和超临界机翼，有效减少了飞行中的气动阻力。该机的主舱货柜容量为 336.5 立方米，底层货舱为 117.5 立方米，在满载 50 吨货物的时候可飞行 6000 千米。

基本参数	
制造商	波音公司
机身长度	54.9 米
机身高度	5.41 米
翼展	47.6 米
空重	86180 千克
最大起飞重量	186880 千克
巡航速度	851 千米 / 时
起飞滑跑距离	2621 米

机型特点

波音 767 拥有 3 种长度的机身，分别为 767-200、767-300 型和 767-400 型。767-300ER 是 767-300 的加大航程型。1986 年首次飞行,但没有航空公司订购。直至 1987 年，美国航空才订购了数架，并于 1988 年投入服务。从此，此型客机开始大量被航空公司采购，成为 767 家族产量最多的型号。而 767-300F 是 767-300ER 的货机型。

美国波音 767–300BCF 货机

波音 767–300BCF 是波音公司为了延长 767 服务时间而提出的货机改装计划。

性能解析

767–300BCF 由现有的 767 客机改装而来，机身左侧前方将加开 1 道货舱门，地板及机身结构被加强，加设货物搬运系统、地面嵌板、货舱轨道、墙壁及天花板布置等。改装后的 767–300BCF 拥有 54 吨的载重量及 5390 千米的最大航程，等同于 1 架 767–300F 货机。

基本参数	
制造商	波音公司
机身长度	61.4 米
机身高度	5.03 米
翼展	51.82 米
空重	103872 千克
标准货运载重	54000 千克
巡航速度	860 千米/时
起飞滑跑距离	2600 米

机型特点

波音于 2005 年 8 月 1 日宣布全日空为首家 767–300CF 客户，签约改装 3 架 767–300 型客机，并保留 4 架选择机。第一架 767–300BCF 货机于 2008 年年年初交付。

美国波音 777F 货机

波音 777F 是波音 777 系列中的全货机型号。

性能解析

　　777F 货机为世界上最新最大的远程双引擎货机，净载重量达 100788 千克，主货舱地板可安置 27 个标准货盘（318 厘米×244 厘米），下货舱内可安置 10 个。该机满载时航程达 9630 千米，货物装载密度也是市场首选。波音民用飞机集团总裁兼首席执行官艾伦·穆拉利曾说："777 系列货机具有卓越的效率、运营经济性和航程。"

基本参数	
制造商	波音公司
机身长度	63.7 米
机身高度	18.6 米
翼展	64.8 米
载货空间	636 立方米
最大起飞重量	347450 千克
巡航速度	905 千米／时
最大航程	9630 千米

机型特点

　　2011 年，联邦快递在伦敦斯坦斯特德——孟菲斯航线启用了新采购的波音 777F 货机。相比之前该航线使用的 MD–11 货机，波音 777F 货机将减少 18% 的温室气体排放量和降低 18% 的燃料消耗量。它的降噪系统还能减少噪声污染，并且载重量比 MD–11 型货机增加了 6.8 吨。在波音 777F 货机启用仪式上，联邦快递欧洲分公司负责人 David Binks 表示，伦敦斯坦斯特德机场启用的新型货机对于联邦快递继续履行减少能源和燃料使用，提高能源效率的承诺而言，是一个重要的里程碑。

美国道格拉斯 DC-10-30F 货机

　　DC-10 原为道格拉斯公司设计生产的双发宽体客机，后因销售不畅改为全货机用途。

性能解析

　　DC-10-30F 除不能载客外，其他特点均同于 DC-30CF 客货型。采用 3 台 CF6-50C2 涡扇发动机，载货 80282 千克，可飞远程国际航线。主货舱可装载 23 个标准集装箱或 51 个小型集装箱，下层货舱可装散装货物，机尾还有小型货舱。

机型特点

基本参数	
制造商	道格拉斯公司
机身长度	55.5 米
机身高度	17.7 米
翼展	47.3 米
空重	108940 千克
最大起飞重量	263085 千克
巡航速度	908 千米/时
满载航程	6080 千米

　　DC-10-30 在 DC-10-10 上增加了起飞重量和航程，机体相同，增加了 1 个油箱和使用效率更佳的通用电气 CF6-50C 引擎，增加了 1 组起落架，最大航程 11050 千米，载客 270~380 人。DC-10-30 也有 DC-10-30 客货互换型及 DC-10-30F 全货机型。

欧洲空中客车 A300-600/600R 货机

A300-600/ 600R 是欧洲空中客车公司 A300 系列中的货机型号。

性能解析

A300-600/ 600R 于 1988 年投入使用，驾驶舱由 A300 的 3 人控制改为 2 人控制，机身相比 A300 来说有所缩短，并且改用新设计的高长宽比机翼，缩小尾翼尺寸。该机的发动机通常为通用电气公司的 CF6-80 发动机，或者普惠公司的 PW4000 发动机。

基本参数	
制造商	空中客车公司
机身长度	54.10 米
机身高度	16.54 米
翼展	44.84 米
空重	90900 千克
最大起飞重量	171700 千克
巡航速度	800 千米 / 时
满载航程	7500 千米

机型特点

A300-600/ 600R 拥有和 B2、B4 相同的长度，但是增加了内部空间，因为它采用了 A310 的后部机身和尾翼。其同时有客机和货机版本，以及在此基础上改型的"大白鲸"货机（SATIC A300-600ST）。空中客车公司共售出 271 架 A300-600 及 600R。

欧洲空中客车 A300-600ST 货机

A300-600ST "大白鲸" 是用来运送新型飞机部件的特殊用途货机。

性能解析

A300-600ST 拥有 1 个圆筒状上段机身，为了配合机身加大后造成的空气力学改变，原本 A300-600/600R 货机的垂直尾翼与水平尾翼都加大了面积，并且在水平尾翼末端增加 2 个垂直小翼来提升飞行时的稳定性。为了方便大型货物的进出，A300-600ST 采用大型货机常用的 "掀罩式" 机首，可以向上掀开 67.25°。此外，A300-600ST 的驾驶舱相比 A300-600/ 600R 往下移了许多，变成一个很奇特的 "尖鼻" 模样。

基本参数	
制造商	空中客车公司
机身长度	56.15 米
机身高度	17.24 米
翼展	44.84 米
空重	86000 千克
最大起飞重量	155000 千克
满载航程	4632 千米

机型特点

虽然 A300-600ST 通常被定位为以 600R 为基础所设计的衍生机种，但 600ST 实际上几乎是一架全新设计的飞机。撇开仅制造了一架的安 -225 与同属空中客车集团但还没实际量产的 A380F，A300-600ST 大约 155 吨的最大离陆重量虽然不是世界第一，但它高达 1400 立方米的货舱容积，仅次于波音 747 LCF 的 1840 立方米，仍轻松打败了第三名的安 -124。

欧洲空中客车 A330-200F 货机

A330-200F 是空中客车 A330 系列中的全货机型号。

性能解析

　　A330-200F 是目前唯一一种新推出的中型货机。在选用"航程模式"时，航程可达7400 千米，可以运载 69 吨货物。在选用"业载模式"时，可以运载 70 吨货物，航程可达 5930 千米。A330-200F 可以在主货舱并排安装23 个货盘，或者有其他的布局方式：比如单排安装 16 个货盘、9 个 AMA 集装箱，同时下层货舱还可以安装 8 个下层货舱货盘和 2 个 LD3集装箱。

基本参数	
制造商	空中客车公司
机身长度	58.8 米
机身高度	16.9 米
翼展	60.3 米
空重	109000 千克
最大起飞重量	233000 千克
标准货运载重	69000 千克
巡航速度	871 千米 / 时
满载航程	7400 千米

机型特点

　　A330-200F 是目前空中客车生产线里面唯一一款喷气式发动机的货机型号。货机版本的 A330 与客机版的明显区别就是前起落架位置的造型，在机头下方有 1 个隆起的大包。那是因为 A330 原本起落架设计为前矮后高，飞机在地面的状态并非水平状态，考虑到货机版要维持货舱的平衡，所以货机版本的A330 要重新设计前起落架，因此就在原有的基础上，将前起落架加高，为了容纳新起落架，空中客车在不影响空气动力的情况下，设计出隆起的大包，从而方便收放新的起落架。

欧洲空中客车 A330-743L 货机

空中客车 A330-743L "超级大白鲸" 是欧洲空中客车公司研发的用于运送飞机大型半成品的特殊用途货机。

性能解析

A330-743L 货机将比 A300-600ST 货机加长 6 米、加宽 1 米，能够多承载 4 吨有效载荷。因为重心设计之故，该机的前段机身是基于 A330-200 客机，而后段则基于 A330-300 客机，并使用 A330-200F 货机的加强型地板及结构。移除上半部机身后，A330 的机翼、主起落架、中段及后半部机身构成的底部平台及系统，使用加强金属结构。在上下半部接合处，使用了 8000 个新部件。

基本参数	
制造商	空中客车公司
机身长度	63.1 米
机身高度	18.9 米
翼展	60.3 米
空重	127500 千克
最大起飞重量	227000 千克
巡航速度	737 千米 / 时
满载航程	4300 千米

机型特点

作为 A300-600ST "大白鲸" 的后续机种，A330-743L "超级大白鲸" 也具有巨大的机身上半部与造型独特的机首驾驶舱。

Chapter 06

固定翼作战飞机

固定翼作战飞机是指能以机载武器、特种装备对空中、地面、水上、水下目标进行攻击的固定翼飞机，包括战斗机、攻击机、截击机和轰炸机等。现代固定翼作战飞机一般具有高空高速、远航程、全天候、大装载量、自动驾驶、超低空突防、实施电子干扰、具有不同起落方式等特点。

美国 F-80 "流星" 战斗机

F-80 "流星" 是美国第一种大量服役的喷气式战斗机。

性能解析

　　F-80 是美国空军第一种平飞速度超过 800 千米/时的战斗机。它使用 1 台 J33-A-5 涡喷发动机，进气口紧靠机翼根部前端，尾气从机身最后面排出。紧贴机身侧面有导流槽，用于防止空气在进气口内部分离。F-80 生产型的座舱是增压座舱，并且装有空调。另外在 F-80C 中还装备了弹射座椅。该机的武器为 2 挺 12.7 毫米 M3 型机枪，射速 1200 发/分。

机型特点

基本参数	
制造商	洛克希德公司
机身长度	10.52 米
机身高度	3.45 米
翼展	11.85 米
乘员	1 人
空重	5753 千克
最大起飞重量	7700 千克
最大速度	932 千米/时
最大航程	1930 千米
最大升限	14000 米

　　F-80 是美国第一种获得空战战绩的喷气式战斗机，也是世界上第一种参加喷气式战斗机空战并获胜的战斗机。F-80 "流星" 还完成了世界首次空中加油作战任务，还曾短时间保持过世界飞行速度纪录。也许 "流星" 最成功的一点是派生出了 T-33 双座高级教练机，后者成为战后最著名的教练机之一。

美国 F-82 "双野马" 战斗机

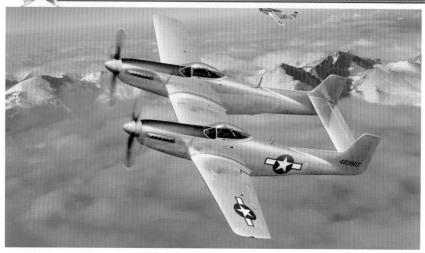

F-82 "双野马" 是北美飞机公司研制的一款双座战斗机。

性能解析

P-82 基本沿用了 P-51 的机身段，但是在机身的水平尾翼端前插入了一段背鳍段，使机身加长了 1.45 米。外翼段在外观上看起来与 P-51 类似，但是内部的经过了完全重新设计，以承受大幅增加的机体重量并增加内部载油量。中翼段后缘有全翼展襟翼，翼下可以安装 1 个或 2 个加强型挂架，每侧外翼段下还有另外 2 个加强型挂架，全机共有 5~6 个加强型挂架。由于滚转惯性增大，在每侧外翼段的副翼长度增加并分为内侧和外侧 2 段，以减轻在高负荷下铰链所受扭力，避免出现副翼粘连。

基本参数	
制造商	北美飞机公司
机身长度	12.93 米
机身高度	4.22 米
翼展	15.62 米
乘员	2 人
空重	7271 千克
最大起飞重量	11632 千克
最大速度	741.9 千米 / 时
最大航程	3605 千米
最大升限	11857 米

机型特点

F-82 是一个全新的设计，基本动力装置为 2 台 1176 千瓦 Allison V-1710-143/145 活塞发动机，以双构布局来达到远距航程与良好的耐久性。

美国 F-84 "雷电喷气" 战斗机

F-84 是美国空军在二战后的第一种战斗机，由共和飞机公司设计生产。

性能解析

F-84 是美国第一种能运载战术核武器的喷气式战斗机。其中，F-84F 的机翼由垂直改为后掠，作战半径为 725~1370 千米，装有 6 挺 12.7 毫米机枪，机翼下可挂载 24 枚火箭弹或 4 枚 454 千克炸弹，最大载重量为 2720 千克。

机型特点

共和 F-84 "雷电喷气" / "雷霆" / "雷闪"（Thunderjet、Thunderstreak、Thunderflash）喷气式战斗轰炸机和侦察机家族是美国最重要的

基本参数	
制造商	共和飞机公司
机身长度	10.24 米
机身高度	13.23 米
翼展	4.39 米
乘员	1 人
空重	5200 千克
最大起飞重量	10590 千克
最大速度	1059 千米 / 时
最大航程	1384 千米
最大升限	14000 米

战斗机之一，在超音速战斗机服役前广泛装备美国、盟国和北约空军。从 F-84E 开始 "雷电喷气" 战斗机抛弃了 P 字头的编号，该机的发动机与 P-84D 相同，F-84E 还安装了斯佩里 APG-30 雷达测距瞄准具，适于作战的改进型翼尖副油箱，机身加长 30.48 厘米以增加座舱空间。后机身下方增加了伸缩式喷射辅助起飞挂架，使最大起飞重量提高到了 10500 千克。

美国 F-86 "佩刀" 战斗机

F-86 "佩刀" 是二战后美国设计的第一代喷气式战斗机，用于空战、拦截和轰炸。

性能解析

与苏联第一代喷气式战斗机米格 –15 相比，F-86 最大水平空速较低，最大升限较低，中低空爬升率较低，但其高速状态下的操控性较佳，运动性灵活，也是一个稳定的射击平台，配合雷达瞄准仪，能够在低空有效对抗米格 –15。F-86 是美国第一架装设弹射椅的战斗机，其主要武器为 6 挺 12.7 毫米勃朗宁 M2HB 机枪（H 型改为 4 门 20 毫米机炮），并可携带 900 千克炸弹或 8 支 166 毫米无导向火箭。

基本参数	
制造商	北美飞机公司
机身长度	11.4 米
机身高度	4.6 米
翼展	11.3 米
乘员	1 人
空重	5046 千克
最大起飞重量	8234 千克
最大速度	1106 千米 / 时
最大航程	2454 千米
最大升限	15100 米

机型特点

F-86 是美国北美飞机公司研制的美国第一种后掠翼喷气式战斗机，是美国的第一代喷气式战斗机的代表，也是美国、北约集团及日本在 20 世纪 50 年代使用最多的战斗机。与米格 –15 相比，F-86 具有更先进的雷达瞄准具、更灵活的俯冲和中低空机动性能，后期型也更密集持久。不过该机是对早期型号的米格 –15 占有优势，但非压倒性优势。它的真正对手是米格 –15 比斯。

美国 F-94 "星火" 截击机

F-94 "星火" 是美国第一种大量生产与服役的喷气式截击机。

性能解析

洛克希德公司为 TF-80C 加装了火控系统武器等一系列配置后，采用了带加力燃烧室的 J33-A-33 发动机。E-1 火控系统由 AN/ APG-33 雷达和斯佩里 A-1C 计算瞄准具组成，其中 AN/APG-33 被装在向上弯曲的雷达整流罩内，前机身下方安装 4 门 12.7 毫米机枪，机枪口正好位于机头雷达整流罩后方。机内空间紧张带来的另一个问题是内部载油量减少到 1200 升。但通过挂载 2 个 625 升翼尖油箱，总载油量还是可以达到 2450 升的。相比 TF-80C，F-94 还加大了尾翼面积。

基本参数	
制造商	洛克希德公司
机身长度	11.48 米
机身高度	3.58 米
翼展	11.43 米
乘员	2 人
空重	4560 千克
最大起飞重量	6810 千克
最大速度	975 千米 / 时
最大航程	1852 千米
最大升限	13716 米

机型特点

F-94 的第一批生产型是 F-94A，它是第一种装备发动机加力燃烧室的生产型战机，同时也是美国空军的第一种喷气式全天候战斗机。1949 年 1 月，美国空军首批订购了 109 架。尽管空军未能躲过 1949 年度财政的预算削减，F-94 项目却没有受到影响，订购数量很快就增加到了 288 架。同年 8 月，苏联成功进行核弹试验后，又进一步增加到了 368 架。不过实际生产量只有 109 架，之后洛克希德就转而生产更加可靠的 F-94B。1950-1953 年，F-94A/ B 作为美国空军唯一可倚重的喷气式全天候截击机，填补了新装备投入使用之前出现的空当，在美国本土防空中起到了无可替代的作用。

美国 F-100 "超佩刀" 战斗轰炸机

F-100 "超佩刀" 是世界上第一款实用化的超音速战机。

性能解析

F-100 最初是作为昼间空中优势战斗机设计的，采用中等后掠角悬臂下单翼，低平尾和单垂尾构成倒 T 形尾翼布局。该机是第一种在机身重要结构上采用钛合金的飞机。虽然 F-100 的机头进气方式阻力较小，但最大缺点是无法安装大型机载雷达，这使得 F-100 日后作战能力提升受到了极大限制。由于进气口扁圆，机头上部线条明显下倾，从而使得 F-100 具有较好的前下方视野，也为日后发展成战斗轰炸机提供了客观条件。

基本参数	
制造商	北美飞机公司
机身长度	14.36 米
机身高度	4.68 米
翼展	11.82 米
乘员	1 人
空重	9500 千克
最大起飞重量	15800 千克
最大速度	1390 千米 / 时
最大航程	3210 千米
最大升限	15000 米

机型特点

F-100 是世纪系列之首型战机以及首种广泛利用钛合金制造的战机。在 F-100 服役生涯中，F-100 常被作为战斗轰炸机使用。在越战中，F-100 被 F-105 雷公战斗机所取代，但 F-100 仍持续的活跃越南上空，广泛担任支援机的任务，直到被 A-7 海盗 II 亚音速攻击机取代为止。F-100 也服役于北约诸国空军及其他美国盟友。

美国 F-101 "巫毒" 战斗机

F-101 "巫毒" 是麦克唐纳公司研制的一款双发超音速战斗机。

性能解析

F-101 采用中单翼,装有 2 台带后燃器的 J-57-P-55 涡喷发动机,进气口位于机身两侧,发动机喷嘴在机身中后部,后机身结构向后延伸安装垂直尾翼。水平尾翼接近垂直尾翼的顶部,为全动式设计。武器包括 4 门在机身内的 20 毫米 M39 机炮,以及外部挂架挂载的 3 枚 AIM-4E 或 AIM-4F 空对空导弹,2 枚 AIR-2A 无控空对空火箭弹(核弹头)。该机是第一架水平飞行速度超过 1600 千米 / 时的生产型战机,作战半径达 1100 千米,转场航程为 3440 千米,起飞滑跑距离为 1340 米,着陆滑跑距离为 940 米。

基本参数	
制造商	麦克唐纳公司
机身长度	21.54 米
机身高度	5.49 米
翼展	12.10 米
乘员	2 人
空重	12680 千克
最大起飞重量	23000 千克
最大速度	1825 千米 / 时
最大航程	2450 千米
实用升限	17800 米

机型特点

F-101 是麦克唐纳公司生产的一款双发超音速战斗机,虽然最初的设计作为轰炸机护航的远程战斗机,但却发展成为用于核轰炸的战斗轰炸机、全天候拦截机以及战术侦察机。F-101 是第一种平飞速度超过 1600 千米 / 时的生产型战机,也创下战术侦察机最高速任务的纪录(A-12 与 SR-71 属于战略侦察机)。但因用途过于单一,F-101 "巫毒" 各型号在 20 世纪 70 年代末 80 年代初全部退役。麦克唐纳公司的 F-4 "鬼怪" 继承了 F-101 的基本布局,F-4 独特的带下反角的平尾终于彻底解决了困扰 F-101 机身自动上仰问题。

美国 F-102 "三角剑" 截击机

F-102 "三角剑" 是康维尔公司研制的一款单座全天候截击机。

性能解析

由于原本计划使用的怀特 J67 涡喷发动机的开发拖延，因此康维尔公司计划在原型机上使用性能并不优秀的西屋 J40 涡喷发动机，而在最终生产型上才会使用全新设计的 J67 发动机。然而，由于 J40 的性能实在不尽如人意，且 J67 的发展又遇上技术"瓶颈"。因此，F-102 最终使用了普惠 J57 涡喷发动机。F-102 主要被部署在北美大陆，用来拦截敌方的远程轰炸机。F-102 曾参加越南战争，主要任务是为空军基地防空和护送轰炸机。

基本参数	
制造商	康维尔公司
机身长度	20.83 米
机身高度	6.45 米
翼展	11.61 米
乘员	1 人
空重	8777 千克
最大起飞重量	14300 千克
最大速度	1304 千米 / 时
最大航程	2715 千米
最大升限	16300 米

机型特点

F-102 截击机的原型机特别多，总共 14 架：2 架最早的原型机 YF-102、8 架"追加"的原型机 YF-102 和 4 架以"蜂腰"外形制造的"新原型机"YF-102A。F-102 截击机采用 Weber 公司生产的弹射救生座椅，座舱内拥有增压、供氧和空调设备，但当飞机到达 15000 米以上高空时，要求飞行员穿着 MC-1 型抗荷服。在机身垂尾根部的后端，有一对可按"蛤壳"状打开的空气阻力板，打开后还可以释放出着陆阻尼伞，用以缩短着陆滑跑距离。

美国 F-104 "星"式战斗机

F-104 "星" 是洛克希德公司研制的一款超音速轻型战斗机。

性能解析

F-104 通常装有 1 门 20 毫米 M61 机炮，备弹 750 发。执行截击任务时，携带 "麻雀" 空对空导弹和 "响尾蛇" 空对空导弹各 2 枚。执行对地攻击任务时，携带 "小斗犬" 空对地导弹 2 枚，900 千克核弹 1 枚以及多枚普通炸弹，最大载弹量 1800 千克。F-104 曾被戏称为 "飞行棺材" 或 "寡妇制造机"，这是因为 F-104 为了追求高空高速，被设计成机身长而机翼短小、T 形尾翼等，都是为了最大限度实现减阻，但却牺牲了飞机的盘旋性能。如果遇到发动机空中熄火或飞机失速等动力故障，别的飞机能滑翔着陆，而 F-104 则会马上变成自由落体式。

基本参数	
制造商	洛克希德公司
机身长度	16.66 米
机身高度	4.11 米
翼展	6.36 米
乘员	1 人
空重	6350 千克
最大起飞重量	13170 千克
最大速度	2137 千米 / 时
最大航程	2623 千米
最大升限	15000 米

机型特点

F-104 星式战斗机是一种两倍音速轻型单座单发战斗机。其特点是轻便、高速、爬升快、机动性好，是 20 世纪 60 年代与米格 -21、"幻影 III" 齐名的世界三大标准战斗机之一。但航程较短，事故率高，故多为外援，美军自用 300 架。同时由于其超高的事故率，被冠以 " 寡妇制造者 " 的恶名。

美国 F-105 "雷公" 战斗轰炸机

F-105 "雷公" 是美国空军第一款超音速战斗轰炸机。

性能解析

F-105 因为其特大的内部武器舱和翼根下的前掠发动机进气口而出名。该机采用全金属半硬壳式结构，悬臂式中单翼。全动式平尾的位置较低，用液压操纵。动力装置为装 1 台 J75-P-19W 涡轮喷气发动机，加力推力为 118 千牛。F-105 前机身左侧装有 1 门 20 毫米的 6 管机炮，备弹 1029 发。弹舱内可载 1 枚 1000 千克或 4 枚 110 千克的炸弹或核弹。翼下有 4 个挂架，机腹下 1 个挂架，可按各种方案携带核弹和常规炸弹、4 枚 AGM-12 空对地导弹或 4 枚 AIM-9 空对空导弹。

基本参数	
制造商	共和飞机公司
机身长度	19.63 米
机身高度	5.99 米
翼展	10.65 米
乘员	1 人
空重	12470 千克
最大起飞重量	23834 千克
最大速度	2208 千米 / 时
最大航程	3550 千米
最大升限	14800 米

机型特点

F-105 是美国空军有史以来最大的单座单发动机的作战飞机，并且因为其特大的内部武器舱和翼根下独特的前掠型发动机进气口而出名。F-105 是作为 F-84 后继机发展的单座超音速战斗轰炸机。20 世纪 50 年代初美国的战略思想是立足于打核战争，战术空军也要具备战术核轰炸能力。因此 F-105 的规划中，主要任务是实施战术核攻击，也可外挂常规炸弹，执行对地攻击任务，并具有一定的自卫空战能力。

美国 F–106 "三角标枪" 截击机

F–106 "三角标枪" 是康维尔公司研制的一款超音速全天候三角翼截击机。

性能解析

与 F–102 一样，F–106 也使用了巨大三角翼无尾布局的设计，两者机翼的区别并不大。与 F–102 纯三角形的垂直尾翼不同，F–106 的垂尾采取梯形结构，同时前后缘都有后掠角。垂尾上面的减速板改为了左右打开的方式，减速伞改为收藏在垂尾的根部。F–106 的主要目标是各种远程轰炸机，标准武器配置是 4 枚 AIM4 空对空导弹，1 枚 AIR–2 "妖怪" 核火箭。F–106 原本没有机炮，后来加装了 M61 "火神" 机炮。

基本参数	
制造商	康维尔公司
机身长度	21.56 米
机身高度	6.18 米
翼展	11.67 米
乘员	1 人
空重	11077 千克
最大起飞重量	15670 千克
最大速度	2455 千米 / 时
最大航程	4300 千米
最大升限	17000 米

机型特点

F–106 "三角标枪" 战斗机主要用于美国本土的防空作战。F–106 也被称为终极拦截机。它也是美国最后一种专门的截击机。其在美国军队一直服役到 20 世纪 80 年代末。F–106 从未出口过，这可能是因为它的使用目的过于单一，只能用来拦截笨重的远程轰炸机。

美国 F-111 "土豚" 战斗轰炸机

F-111 "土豚" (Aardvark) 是通用动力公司研制的战斗轰炸机。

性能解析

F-111 拥有诸多当时的创新技术，包含几何可变翼、后燃器、涡轮扇发动机和低空地形追踪雷达。F-111 采用了双座、双发、上单翼和倒 T 形尾翼的总体布局形式，起落架为前三点式。最大特点是采用了变后掠机翼，这是该技术首次应用于实用型飞机。F-111 通常装有 2 台 TF30-P-3 加力涡轮风扇发动机，单台推力 79.6 千牛。该机的武器系统包括机身弹舱和 8 个翼下挂架，可携带普通炸弹、导弹和核弹。

基本参数	
制造商	通用动力公司
机身长度	22.4 米
机身高度	5.22 米
翼展	19.2 米
乘员	2 人
空重	21537 千克
最大起飞重量	44896 千克
最大速度	2655 千米 / 时
最大航程	6760 千米
最大升限	20100 米

机型特点

为满足空军和海军的不同作战要求，美国国防部决定研制 A、B 两种型号，因此出现了以对地攻击为主的空军型 F-111A 和以对空截击（舰队防空和护航）为主的海军型 F-111B。B 型机因结构超重，性能达不到要求，加之导弹火控系统的研制也遇到了困难，最后于 1968 年停止发展，美国海军取消订货。从此，F-111 成了纯粹的空军型飞机。

美国 F-117 "夜鹰" 攻击机

F-117 "夜鹰" 是洛克希德公司研制的一款隐身攻击机。

性能解析

F-117 由 2 台通用电气 F404 无后燃器型涡轮扇发动机提供动力，并配有四重线传飞控系统。为了达到隐身目的，F-117 牺牲了 30% 的引擎效率，并采用了一对高展弦比的机翼。由于需要向两侧折射雷达波，F-117 还采用了很高的后掠角的后掠翼。为了降低电磁波的发散和雷达截面积，F-117 没有配备雷达。导航系统主要由全球卫星定位系统和高精确性的惯性导航装置组成。理论上，F-117 几乎能携带任何美国空军军械库内的武器，包含 B-61 核弹。只有少数的炸弹因为体积太大，或是和 F-117 的系统不相容而无法携带。

基本参数	
制造商	洛克希德公司
机身长度	20.09 米
机身高度	3.78 米
翼展	13.20 米
乘员	1 人
空重	13380 千克
最大起飞重量	23800 千克
最大速度	993 千米 / 时
最大航程	1720 千米
最大升限	13716 米

机型特点

F-117 是世界上第一种可正式作战的隐身战斗机。在海湾战争中，F-117 声名大噪。据报道，F-117 在沙漠风暴期间执行危险任务共 1271 次，而无一受损。整个战争期间，F-117 承担了攻击目标总数的 40%，投弹命中率为 80%~85%。

美国 F-3 "魔鬼" 战斗机

F-3 "魔鬼" 是麦克唐纳公司研制的一款后掠翼喷气式战斗机。

性能解析

　　F-3 是一种单发、近音速全天候战机，有 F3H-1N、F3H-1P、F3H-2N、F3H-2M、F3H-2、F3H-2P 和 F3H-3 等多种型号。其中，F3H-2M 是第一种只带导弹不用机炮的战机。F3H-2 为攻击战斗机，配备了 4 门 20 毫米机炮，并可携带 4 枚 "麻雀" 导弹或 2 枚 "响尾蛇" 导弹，或搭载 2720 千克常规炸弹。

机型特点

　　1953 年 F-3 选用更加强有力的 Allison 171 涡轮喷气发动机，新发动机极大地改进了飞机的性能表现。

基本参数	
制造商	麦克唐纳公司
机身长度	17.98 米
机身高度	4.44 米
翼展	10.76 米
乘员	1 人
空重	10040 千克
最大起飞重量	15377 千克
最大速度	1152 千米 / 时
最大航程	1899 千米
最大升限	10683 米

美国 F-4 "鬼怪 II" 战斗机

F-4 "鬼怪 II" 是麦克唐纳公司研制的一款双发舰队重型防空战斗机。

性能解析

　　F-4 是美国第二代战斗机的典型代表，各方面的性能都比较好，不但空战性能好，对地攻击能力也很强。该机的缺点是大迎角机动性能欠佳，高空和超低空性能略差，起降时对跑道要求较高。F-4 装有 1 门 M61A1 六管加特林机炮，9 个外挂点的最大载弹量达 8480 千克，包括普通航空炸弹、集束炸弹、电视和激光制导炸弹、火箭弹。该机的动力装置为 2 台通用电气 J79-GE-17A 涡轮喷气发动机，单台推力为 79.4 千牛。

基本参数	
制造商	麦克唐纳公司
机身长度	19.20 米
机身高度	5.02 米
翼展	11.77 米
乘员	1 人
空重	13760 千克
最大起飞重量	28030 千克
最大速度	2414 千米 / 时
最大航程	2600 千米
最大升限	16580 米

机型特点

　　尽管看上去 F-4 "鬼怪 II" 是一种比较成熟的战斗机，但它毕竟是 20 世纪 50 年代末研制的战斗机，机上的许多设备和飞机的许多性能远远地落后于新一代战斗机。在多年的飞行实践中，美军发现它的高空性能和超低空性能都差得很远。从 20 世纪 60 年代末开始，F-4 动了几次 "换心术" 换装发动机和机载设备，加强对地攻击能力。尽管 F-4 "鬼怪 II" 经过不断改型，机载设备和飞机的整体性能有所提高，但它在军队中服役依旧有些力不从心。美国空军决定对它再做一次大的 "手术"，让它 "摇身一变"，成为专门用于发现、识别敌方地面防空雷达和地对空导弹阵地，并使用反辐射导弹对雷达和导弹阵地进行攻击的专用飞机，配合其他战术攻击机完成任务。

美国 F-5 "自由斗士" 战斗机

F-5 是诺斯洛普飞机公司设计的轻型战斗机，A、B、C 三型称为 "自由斗士"，E、F 两型称为 "虎Ⅱ"。

▌▌▌▷ 性能解析

F-5 通常装有 2 门 20 毫米 M39A2 型机炮，7 个外挂点可挂载 2 枚 "响尾蛇" 空对空导弹和各种空对地导弹，激光制导炸弹及各类常规炸弹。动力装置为 2 台通用 J85-GE-21B 涡喷发动机，单台最大推力为 15.5 千牛。F-5E 是以苏联的米格-21 和苏-7 为假想敌而研制的，要求它的中、低空性能接近于米格-21，同时还具有对地攻击的能力。F-5F 是 F-5E 的双座战斗 / 教练型。由于增加了 1 个座椅，故机身增长了 1.04 米。

基本参数	
制造商	诺斯洛普飞机公司
机身长度	14.45 米
机身高度	4.06 米
翼展	8.13 米
乘员	1 人
空重	4410 千克
最大起飞重量	11210 千克
最大速度	1741 千米 / 时
最大航程	2860 千米
最大升限	15790 米

▌▌▌▷ 机型特点

F-5 是由美国诺斯洛普公司于 1962 年推出的一款轻型战机，被诸多美国盟国与第三世界国家采用。各类衍生型从最早仅有对地攻击能力的 F-5A 到强化空对空作战能力的 F-5E 以及战术侦察型 RF-5 等。当时这类战机的销售市场并不大，美国陆军曾对于这型飞机的对地支援功能有兴趣，可是负责操作固定翼机是美国空军的责任，他们不愿意操作，也不同意让陆军来操作固定翼作战飞机。尽管从未成为美军第一线战机，F-5 用不同于美国优先的角度证明了这是一架成功的作战飞机。

美国 F-8 "十字军" 战斗机

F-8 "十字军" 是美国海军第一架真正的超音速舰载机。

性能解析

　　F-8 的突出特点是采用可变安装角机翼，起飞着陆期间，飞机上的液压自锁作动筒可把机翼安装角调大 7°。这样既增加升力，又使机身基本上与飞行甲板或跑道保持平行，避免因机头抡起而影响飞行员的视野，平飞时，机翼再回到原来的位置。另外，机翼外段可向上折叠，便于舰上停放。该机装有 1 台普惠 J57-P-20 涡喷发动机，加力推力为 80.1 千牛。

机型特点

基本参数	
制造商	沃特公司
机身长度	16.53 米
机身高度	4.8 米
翼展	10.87 米
乘员	1 人
空重	7956 千克
最大起飞重量	13000 千克
最大速度	1975 千米 / 时
最大航程	2795 千米
最大升限	17700 米

　　飞行员对 F-8 的评价都很好，认为这是一种速度快、爬升猛、机动性好的战斗机。地勤人员对 F-8 也有很好的印象，因为 F-8 结构简单、可维护性也好。F-8 也是美国海军最后一种以机炮作为主要武器的战斗机，不会像早期的 F-4 那样对眼皮底下的米格机毫无办法，响尾蛇导弹又赋予了其更远的攻击距离，其性能虽然差强人意，但比当时的 "麻雀" 导弹还是好一些的，F-8 的大部分战果也是用导弹击落的。但是 F-8 的发动机、起落架和液压系统相当不可靠，其事故率是 F-4 的 2~3 倍，是 F-14 的 4 倍，法国的 42 架 F-8 飞机就有 25 架因意外折损。

美国 F-14 "雄猫" 战斗机

F-14 "雄猫" 是美国格鲁曼公司研制的一款舰载战斗机。

性能解析

与同时代的战斗机相比，F-14 的综合飞行控制系统、电子反制系统和雷达系统等都非常优秀。其装备的 AN/AWG-9 远程火控雷达系统功率高达 10 千瓦，可在 120~140 千米的距离上锁定敌机。该机还装备了当时独有的资料链，可将雷达探测到的资料与其他 F-14 战斗机分享，其雷达画面能显示其他 F-14 探测到的目标。F-14 装备 1 门 20 毫米 M61 机炮，还可发射 AIM-54 "不死鸟"、AIM-7 "麻雀" 和 AIM-9 "响尾蛇" 等空对空导弹，以及各类炸弹。

基本参数	
制造商	格鲁曼公司
机身长度	19.1 米
机身高度	4.88 米
翼展	19.54 米
乘员	2 人
空重	19838 千克
最大起飞重量	33720 千克
最大航程	2960 千米
最大速度	2485 千米 / 时
最大升限	15240 米

机型特点

F-14 是一款双座多用途超音速战斗机。F-14 战斗机非常受军事迷的喜欢，除了它超酷绝美的造型外，还具有强大的战斗力。F-14 在服役后期曾追加低空导航暨夜间红外线标定弹舱，具有基本的精确对地攻击能力。F-14 所挂载的 "不死鸟" 导弹，更是让 "决胜于千里之外" 的战略思想彻底实现的代表性武器。

美国 F-20 "虎鲨" 战斗机

　　F-20 "虎鲨" 战斗机是美国诺斯洛普飞机公司以非常畅销的轻型战斗机 F-5E 为蓝本的改良设计，试图夺取国际轻型战斗机的市场。

性能解析

　　F-20 在外观上最大的不同就是发动机的数量由 F-5 系列的 2 台减少为 1 台。新的发动机采用与 F/A-18 同级的 GE 公司 F404 涡轮扇发动机。这个改变不仅是更换发动机，还必须修改后机身，进气道与进气口的设计等，以符合新发动机的性能。

机型特点

　　F-20 的雷达换装为 AN/APG-67（V），除了提供较多的对空与对地模式之外，最重要

基本参数	
制造商	诺斯洛普飞机公司
机身长度	14.2 米
机身高度	4.2 米
翼展	8.1 米
乘员	1 人
空重	5090 千克
最大起飞重量	11920 千克
爬升率	255 米 / 秒
最大航程	2760 千米
最大升限	16800 米

的提升是增加了 F-20 发射中程雷达导引空对空导弹的能力，使得 F-20 正式迈入超视距作战飞机行列。F-20 在继承 F-5 战机优异缠斗性能的同时，还具备优秀的视距内作战能力。

美国 F-15 "鹰"式战斗机

F-15 "鹰"是美国麦道公司研发的全天候、高机动性战斗机，为美国空军现役主力战斗机之一。

性能解析

F-15 气动布局出色，机翼负荷较低，并具备较高的推重比，武器和飞行控制系统采用了先进的自动化设计。该机使用的多功能脉冲多普勒雷达具备较好的下视搜索能力，利用多普勒效应可避免目标的信号被地面噪声所掩盖，能追踪树梢高度的小型高速目标。F-15 装有 1 门 20 毫米 M61A1 机炮。共有 11 个武器挂架，其中机翼 6 个，机身 5 个。总外挂可达 7300 千克，可使用 AIM-7 "麻雀"、AIM-9 "响尾蛇"和 AIM-120 "监狱"等对空导弹，以及包括 GBU-28 重磅炸弹在内的多种对地武器。

基本参数	
制造商	麦道公司
机身长度	19.43 米
机身高度	5.68 米
翼展	13.03 米
乘员	1~2 人
空重	12973 千克
最大起飞重量	30800 千克
最大速度	3000 千米 / 时
最大航程	5741 千米
最大升限	19800 米

机型特点

美国空军是 F-15 最早也最大的使用者。F-15 在设计时的目标是在高空以高速度拦截入侵领空的假想敌——米格 -25 战斗机，保护自己的战略轰炸机顺利执行任务。但是 F-15 也存在争议。由于该机的近距离空战机动性、大尺寸和高售价的评价，引起了 F-16 "战隼"战斗机的研发，以弥补 F-15 的不足。

美国 F-16 "战隼" 战斗机

F-16 "战隼" 是通用动力公司研制的一款喷气式战斗机。

性能解析

F-16 为单发动机的多重任务战斗机，机身采用半硬壳式结构，外形短粗。机翼为悬臂式中单翼，与机身采用翼身融合体形连接，平面几何形状为切角三角形。起落架为前三点式，可收放在机身内部。F-16 强调在视距内进行缠斗，首次采用了线传飞控、倾斜座椅和侧置操纵杆等技术，是美国第一种有能力进行 9G 过载机动的战斗机。F-16 装有 1 门 20 毫米 M61 机炮，并可发射多种空对地导弹、空对舰导弹和空对空导弹。

基本参数	
制造商	通用动力公司
机身长度	15.02 米
机身高度	5.09 米
翼展	9.45 米
乘员	1～2 人
空重	8272 千克
最大起飞重量	19187 千克
最大速度	2173 千米 / 时
最大航程	3890 千米
最大升限	15240 米

机型特点

F-16 是美国通用动力公司为美空军研制的单发单座轻型战斗机，主要用于空战，也可用于近距空中支援，是美国空军的主力机种之一。F-16 采用机体较小巧的单发布局，比起双发战斗机自然大大减少了采购和维护的费用，但在实际使用中的可靠性随之降低，而且单发布局限制了 F-16 增大航程、载重、机动性能的改进潜力。因此，F-16 的改进一般集中于电子设备和武器系统方面。由于 F-16 的先进性能、多样化的作战能力、充分的改进余地，美国空军计划在 21 世纪的前 30 年内继续使用和改进 F-16 战斗机。

美国 F/A-18 "大黄蜂" 战斗 / 攻击机

F/A-18 "大黄蜂" 是诺斯洛普飞机公司和麦道公司研发的一款战斗 / 攻击机。

性能解析

F/A-18 采用双发动机和双垂直尾翼的外形结构，为让飞行员能顺利地独自执行各类任务，F/A-18 导入了先进的数码化概念与玻璃座舱。该机还非常重视后勤维护方面的便利性，其维修和维护都降低了人工投入。F/A-18 的前 4 个机型都为 9 个挂载点，其中翼端 2 个、翼下 4 个、机腹 3 个，外挂载荷最高可达 6215 千克。新型的 F/A-18E/ F "超级大黄蜂" 的武器挂点有所增加，不但能携带更多的武器，而且可外挂多达 5 个副油箱，并具备空中加油能力。

基本参数	
制造商	诺斯洛普、麦道
机身长度	17.1 米
机身高度	4.7 米
翼展	11.43 米
乘员	1~2 人
空重	11200 千克
最大起飞重量	23400 千克
最大速度	1814 千米 / 时
最大航程	3330 千米
最大升限	15000 米

机型特点

F/A-18 是一种超音速的多用途战斗/攻击机，主要特点是可靠性和维护性好，生存能力强，大迎角飞行性能好以及武器投射精度高。到目前为止，F/A-18 共有 9 个型号，有单座的，也有双座的。出口加拿大的编号为 CF-18A，澳大利亚的有 F/A-18A/B，西班牙的编号为 EF-18，还有一种供出口用的多用途岸基型为 F/A-18L 型。F/A-18A 为基本型，是一种单座战斗 / 攻击机，主要用于护航和舰队防空；如果换装部分武器后即为攻击机，可执行对地攻击任务。

美国 F-22 "猛禽" 战斗机

F-22 "猛禽" 是世界上最先服役的第五代战斗机。

性能解析

　　F-22 具备超音速巡航、超视距作战、高机动性和高隐形能力，据称作战能力是 F-15 战斗机的 2~4 倍。此外，在开发 F-22 期间所建立的许多先进技术，也被沿用到之后的 F-35 上。F-22 是当代造价最昂贵和最先进的战斗机种之一，它配备了 AN/APG-77 主动相控阵雷达、AIM-120C/D 中程空对空导弹、AIM-9X 红外线空对空导弹、二维 F119-PW-100 推力矢量引擎、先进整合航空电子与人机界面等先进技术和装备。

基本参数	
制造商	洛克希德·马丁公司
机身长度	18.92 米
机身高度	5.08 米
翼展	13.56 米
乘员	1 人
空重	19700 千克
最大起飞重量	38000 千克
最大速度	2410 千米 / 时
最大航程	4830 千米
最大升限	19812 米

机型特点

　　F-22 于 20 世纪初期陆续进入美国空军服役，以取代上一代的主力机种 F-15 鹰式战斗机。洛克希德·马丁公司宣称，"猛禽" 的隐身性能、灵敏性、精确度和态势感知能力结合其空对空和空对地作战能力，使得它成为当今世界综合性能最佳的战斗机。

美国 F-35 "闪电 II" 战斗机

F-35 "闪电 II" 是一款 F-22 的低阶辅助机种，属于具有隐身设计的第五代战斗机。

性能解析

F-35 采用与 F-22 相同的双垂尾设计，不过发动机被改为单发。F-35 虽然被定义为 F-22 的低阶辅助机种，但由于较后研制的原因，一些设计比 F-22 更加合理，电子设备也更为先进。整体来说，F-35 的技术特点是：具有廉价耐用的隐身技术，维护成本较低。使用了先进的数据交换网络。综合的航电设备与感应器融合，可大幅增加飞行员的状况感知和目标识别与武器投射的能力，并能快速地传输信息到其他指挥及控制节点。此外，F-35 还是第一款用头盔显示器完全替代抬头显示器的战斗机。

基本参数	
制造商	洛克希德·马丁公司
机身长度	15.7 米
机身高度	4.33 米
翼展	10.7 米
乘员	1 人
空重	13300 千克
最大起飞重量	31800 千克
最大速度	1931 千米 / 时
最大航程	2220 千米
最大升限	18288 米

机型特点

2015 年，为支持美国海军陆战队的操作测试，16 名英国皇家海军和空军成员已加入黄蜂级通用两栖突击舰。F-35 联合项目办公室官员博格丹表示："英国加入 F-35 项目对我们能否取得成功具有决定性作用。"据英国 F-35B 项目领导者，皇家海军指挥官尼尔·马西森中尉透露，"英国海军计划将两架 F-35B 装备伊丽莎白二代航母，从而逐步淘汰'龙卷风'战斗轰炸机。F-35 战斗机的低可侦测性利于在航空母舰上针对高危环境进行部署，有利于进行全方位操作，使其在任何时间，任何天气状况下都能够对敌实施致命打击"。

美国 A-3 "空中战士" 攻击机

A-3 "空中战士" 是道格拉斯公司研制的一款舰载重型攻击机。

性能解析

A-3 采用 2 台 J57 涡轮喷气发动机，单台推力为 46.7 千牛。为适应发动机配置方式及长距离飞行的要求，A-3 使用结构极为坚实的上肩式后掠单翼。巨大的尾翼结构呈十字形配置，水平尾翼略为上反角扬起，垂直尾翼也可向右折叠，以减少在航母机库内的高度限制。起落装置为前三点式单轮伸缩起落架，鼻轮向前收入舱内。左右主轮则向后收入翼下两侧活动舱门内，机尾下方设有尾钩装置。

基本参数	
制造商	道格拉斯公司
机身长度	23.36 米
机身高度	6.94 米
翼展	22.1 米
乘员	1 人
空重	17876 千克
最大起飞重量	37195 千克
最大速度	981 千米 / 时
最大航程	3380 千米
最大升限	12500 米

机型特点

在美海军北极星导弹核潜艇服役前，A-3 一直是美国海军核打击能力的主要力量。后来在 A-3 的基础上还发展出了 EA-3 电子战飞机、RA-3 侦察机、KA-3 空中加油机等型号。各种 A-3 共生产了 282 架。目前，A-3 各型飞机已全部退出现役。

美国 A-4 "天鹰" 舰载攻击机

A-4 "天鹰" 是道格拉斯公司设计的一款单座舰载攻击机。

性能解析

A-4 采用 1 台普惠 J52-P-408A 涡轮喷气发动机，最大推力为 41 千牛。A-4 执行攻击任务时，最大作战半径可达 530 千米。机头左侧带有空中受油设备，在进行空中加油之后，作战半径和航程都有较大的增加。A-4 机翼根部下侧装有 2 门 20 毫米 MK-12 火炮，每门备弹 200 发。机上有 5 个外挂点，机身下和两翼各有 1 个武器挂架，可挂载普通炸弹、空对地导弹和空对空导弹，最大载弹量 4150 千克。由于该机设计精巧，造价低廉，载弹量大，维护简单，出勤率高，在几次局部战争中都有不俗的表现。

基本参数	
制造商	道格拉斯公司
机身长度	12.22 米
机身高度	4.57 米
翼展	8.38 米
乘员	1 人
空重	4750 千克
最大起飞重量	11136 千克
最大速度	1077 千米 / 时
最大航程	3220 千米
最大升限	12880 米

机型特点

A-4 "天鹰" 式攻击机是道格拉斯公司设计的一种美式攻击机，最初被设计作为美国海军航空母舰的舰载机。但 A-4 的缺点是因机体小巧导致挂弹量少，油量不适合远距出击，全天候能力欠缺，恶劣天气时着舰困难等。不过 A-4 仍成为世界攻击机中的名牌，直到 20 世纪 90 年代，一些国家和地区仍在对它进行不断改进。

美国 A-5 "民团团员" 舰载攻击机

A-5 "民团团员" 是北美飞机公司为美国海军设计的一款超音速攻击机。

性能解析

A-5 的动力装置为 2 台 J79-GE-10 涡轮喷气发动机，单台最大推力 52.8 千牛，加力推力 79.6 千牛，2 个座椅串列布置。根据设计要求，A-5 实际上是一种超音速核轰炸机，也是美国最大最重的舰载飞机，其最大载弹量达 5.2 吨，其最大起飞重量近 32 吨。尽管采用了下垂前缘和吹气襟翼等增升措施，仍然只能在 "中途岛" 级重型航空母舰上起降。

基本参数	
制造商	北美飞机公司
机身长度	23.32 米
机身高度	5.91 米
翼展	16.16 米
乘员	2 人
空重	14870 千克
最大起飞重量	21605 千克
最大速度	2123 千米 / 时
最大航程	2909 千米
最大升限	15880 米

机型特点

A-5 "民团团员" 攻击机是世界上最大型的舰载攻击机种，其开发背景与 A-3 天空勇士式攻击机极为接近。在设计之初主要是为了进行战术核打击，而后期则改为战术侦察机使用，曾经在越南战争之中承担战术侦察战果确认等任务。A-5 攻击机代表了美国航空科技多项研究的成果。

美国 A-6 "入侵者" 舰载攻击机

A-6 "入侵者" 是格鲁曼公司生产的全天候重型舰载攻击机。

性能解析

与当时的超音速战机相较，A-6 的机翼设计在亚音速非常有效率，该设计也使得 A-6 在有效载荷时仅能飞行于亚音速领域。A-6 的机翼设计也使其能携带各种大小的弹药。除传统攻击能力外，A-6 在设计上也具有携带并发射核子炸弹的能力，但该功能从未使用过。A-6 能够在任何恶劣的天气中以超低空飞行，穿过敌方的搜索雷达网，精准地摧毁目标敌军阵地。虽然 A-6 已退出美军现役的作战序列，但由 A-6 所改装的电子作战机—EA-6B 在 2012 年时仍旧活跃于美军航母之上。

基本参数	
制造商	格鲁曼公司
机身长度	16.69 米
机身高度	4.93 米
翼展	16.15 米
乘员	2 人
空重	12525 千克
最大起飞重量	26580 千克
最大速度	1040 千米 / 时
最大航程	5222 千米
最大升限	12400 米

机型特点

A-6 "入侵者" 上装有精确的数字式综合攻击和导弹系统，能在夜间恶劣气候下自动实施低空攻击，而且攻击精度较高。先进的座舱显示系统能够使飞行员在低空地形回避和跟踪的同时发动攻击。其次，由于飞机电子设备很复杂，维护保养要求高，影响其出勤率。

美国 A-7 "海盗 II" 攻击机

A-7 "海盗 II" 是以 F-8 战斗机为蓝本开发，用以取代 A-4 "天鹰" 攻击机的次音速轻型攻击机。

性能解析

A-7 的机体设计源自 F-8 "十字军" 超音速战斗机，它是第一架配备有现代抬头显示器、惯性导航系统与涡扇发动机的作战机种。A-7A 为第一种量产机型，配备 1 具 AN/APN-153 导航雷达及 1 具 AN/APQ-99 对地攻击雷达。早期美国海军的 A-7A 均配有 2 门 20 毫米机炮与 500 发弹药。虽然 A-7 理论上的最大载弹量为 6804 千克，但受到最大起飞重量的限制，一旦采用最大载弹量则必须严格限制内装油量。

基本参数	
制造商	沃特飞机公司
机身长度	14.06 米
机身高度	4.89 米
翼展	11.80 米
乘员	1 人
空重	8972 千克
最大起飞重量	19050 千克
最大速度	1065 千米 / 时
最大航程	2485 千米
最大升限	14780 米

机型特点

A-7 攻击机是以美国海军的杰出战斗机，是一架以 F-8 战斗机为蓝本去开发的攻击机。A-7A 和 A-7B 型号为航空母舰用之舰载机，因它的性能优异，所以美国空军也决定采用它，这样的情形下开发出的就是 A-7D。而海军方面看中了空军的 A-7D 性能优异，就对引擎进行了改良，然后使用的就是 A-7E。希腊空军也将这种机型购买来使用，即 A-7H 型。葡萄牙空军也向美国购买同类型称为 A-7P。但是，这一机型是把 A-7A 仿 A-7E 的结构、制造出售的。而 A-7 在之后试做的 A-7F，则把最大时速提高为 1.1 马赫，以及做了各部分的改良，但是不见其效果。

美国 A-10 "雷电Ⅱ" 攻击机

A-10 "雷电Ⅱ" 是费尔柴尔德公司研制的双发单座攻击机。

性能解析

A-10 作为一款近距离攻击机，并不需要很高的飞行速度，较低的速度能够使其获得更高的命中率。该机采用的是无后掠角的平直下单翼，机身的装甲防护极强，机头的澡盆形座舱为 38 毫米防弹钢制作而成，在机腹上也有 50 毫米厚的装甲，全机重达 550 千克的装甲防护使其能够抵抗 23 毫米机炮的打击。

机型特点

A-10 攻击机是一种单座双引擎攻击机，

基本参数	
制造商	费尔柴尔德公司
机身长度	16.16 米
机身高度	4.42 米
翼展	17.42 米
乘员	1 人
空重	11321 千克
最大起飞重量	23000 千克
最大速度	706 千米 / 时
最大航程	4150 千米
最大升限	13700 米

是美国空军现役唯一一种负责提供对地面部队的密接支援任务的机种，包括攻击敌方坦克、武装车辆、重要地面目标等。A-10 攻击机依靠强大的火力、坚厚的装甲专司对地攻击。虽然集现代高科技于一体的 F-16、AH-64 等先进飞行器抢占了 A-10 的许多作战机会，但在北约大规模空袭南联盟的作战行动，以及近年的伊拉克战争中，却证明了 A-10 无法被撼动的独特地位，无论是能够实施精确打击的 F-15、F-16，还是武装直升机，均无法有效对付利用地形作为掩护的地面部队。

美国 A-12 "复仇者 II" 攻击机

A-12 "复仇者 II" 攻击机是美国海军首架以深入敌境进行长程打击任务为设计目标的攻击机，也是第一架由美国海军投资研发的匿踪舰载机。

性能解析

A-12 攻击机配备 2 具通用电气公司的 F412-GE-400 无后燃器涡轮扇发动机，衍生自 F/A-18 所使用的 F404 涡轮扇发动机。发动机隐藏在呈弯曲状的进气道后方，而进气口则位于翼前缘的下面。

在被动侦测系统部分，A-12 内装 2 套由西屋公司发展但型号不明的前视红外线系统。其中一套固定式导航前视红外线系统用以提供低空和地貌追沿飞行时所需的导航资料，另一套活动式前视红外线系统可发现和识别小型地面目标，也可作为对空搜索用的红外线搜索追踪系统。

基本参数	
制造商	道格拉斯公司和通用动力公司
机身长度	11.5 米
机身高度	3.4 米
翼展	21.4 米
乘员	2 人
空重	17700 千克
最大起飞重量	36300 千克
爬升率	25 米 / 秒
最大航程	1480 千米
最大升限	12200 米

机型特点

A-12 具有不同寻常的直线形机翼后缘和很好的隐身性能，沿飞行方向产生的雷达反射波较弱，采用三角形飞翼式布局，停放在航母机库内时左右翼尖部分可折起，该机有良好的低空飞行性能，飞翼式布局可为发动机以及 3 个武器舱提供足够空间。

美国 B-36 "和平缔造者" 战略轰炸机

B-36 "和平缔造者" 是康维尔公司制造的超长程战略轰炸机。

性能解析

B-36 创造了多项纪录：它是历史上投入批量生产的最大型的活塞引擎飞机，并且是翼展最大（70 米）的军用飞机。它也是第一款无须改装就可以挂载当时美国核武库内所有原子弹的轰炸机。以其 9700 千米的航程和 33 吨的最大载弹量，B-36 还成为第一款能够执行洲际轰炸任务的轰炸机。所有的 B-36 机型都装有 6 台 R-4360 大型活塞式发动机，总共可提供 92.8 千牛的推力。

基本参数	
制造商	康维尔公司
机身长度	49.42 米
机身高度	14.25 米
翼展	70.12 米
乘员	13 人
空重	75530 千克
最大起飞重量	186000 千克
最大速度	672 千米/时
最大航程	16000 千米
最大升限	13300 米

机型特点

B-36 是美国空军重型轰炸机，是按 1941 年 10 月美国空军提出的发展比 B-29 更大和航程更远的重型轰炸机的要求设计的，在 20 世纪 40 年代末和 50 年代初，B-36 是美国空军远程战略轰炸威慑力量的中流砥柱，但是它从未参与任何作战行动。时至今日，B-36 仍然是世界上有史以来尺寸最大的作战飞机。在 B-52 服役前，B-36 还在起飞重量、载弹量、续航力及滞空时间等多个领域保持着冠军的称号。在 20 世纪 40 年代至 50 年代中期，B-36 可谓声名显赫，其风头绝不亚于今天的 B-2 隐形轰炸机。

美国 B-47 "同温层喷气" 轰炸机

　　B-47 "同温层喷气" 是美国也是世界上第一种实用的中程喷气式战略轰炸机，也是第一种大规模生产的后掠翼喷气式轰炸机。

▌▌▌▶ 性能解析

　　B-47 在气动布局上采用细长流线型机身，机翼为大后掠角上单翼，翼下吊挂 6 台涡轮喷气发动机，采用大后掠角尾翼，平尾位置稍高，起落架采用自行车式布置。在内侧发动机短舱装有可收放的翼下辅助起落架。

　　机身为全金属受力蒙皮半硬壳式结构，蒙皮用桁条和隔框加强，机身截面为椭圆形。机身前段配置乘员密封座舱。座舱是一个气密座舱，共 3 名乘员，正副驾驶席前后串列，领航员席在前方，均采用弹射座椅，但领航员座椅向下弹射。机身中段上部装有油箱，下部为弹舱和起落架舱。尾部装有减速伞。

基本参数	
制造商	波音公司
机身长度	33.5 米
机身高度	8.5 米
翼展	35.4 米
最大平飞速度	975 千米 / 时
最大起飞重量	93759 千克
巡航速度	795 千米 / 时
最大航程	6400 千米
实用升限	12400 米

▌▌▌▶ 机型特点

　　B-47 采用了细长流线型机身，以低空飞向目标，突然拉起以半滚转进入翻筋斗机动，在爬升过程中在预定点投弹。炸弹继续以高弧度向前飞行，落到离投放点较近处爆炸。同时机动可使飞机掉头，使其有足够的时间飞到远离爆炸处的安全地带。

美国 B-50 "超级空中堡垒" 轰炸机

　　B-50 的前身是 B-29，B-29 是美国波音公司在二战期间研制的重型远程轰炸机，虽然因服役时间较晚而未能参加对德国的作战，产量也仅仅不到 4000 架，可战果比起那些产量上万的轰炸机来毫不逊色。

性能解析

　　为了增强 B-50 在核战环境下的生存能力，美国空军还特意为该机加装了 J35 涡喷发动机，使其最大速度提高到 66~680 千米 / 时。为了向世人宣告美国飞机能随时把核弹投到地球上任何地方，1949 年 2 月 26 日，一架 B-50(代号 "幸运小姐 2 号") 从得克萨斯州的卡斯维尔空军基地起飞，用 94 小时完成了人类历史上首次中途不着陆环球飞行 (中途空中加油 4 次)。

基本参数	
制造商	波音公司
机身长度	30.18 米
机身高度	9.96 米
翼展	43.05 米
乘员	11 人
空重	38426 千克
最大起飞重量	78473 千克
最大速度	635 千米 / 时
最大航程	7800 千米
最大升限	11247 米

机型特点

　　B-50 比起 B-29 有了相当的进步，尤其是航程和载弹量都提高了 20%，最大速度也增加了近 10%，加之当时被美军方寄予厚望的 B-36 因技术问题迟迟不能服役，因此对苏战略轰炸的重任就责无旁贷地落在了 B-50 肩上。

美国 B-52 "同温层堡垒" 战略轰炸机

B-52 "同温层堡垒" 是波音公司研制的八发远程战略轰炸机。

性能解析

　　B-52 采用大展弦比后掠上单翼、低平尾和单垂尾的总体布局，各型别之间的外形差别较小。其机身结构为细长的全金属半硬壳式，侧面平滑，截面呈圆角矩形。前段为气密乘员舱，中段上部为油箱，下部为炸弹舱，空中加油受油口在前机身顶部。后段逐步变细，尾部是炮塔，其上方是增压的射击员舱。动力装置为 8 台普惠 TF33-P-3/103 涡轮风扇发动机，分 4 组分别吊装于两侧机翼之下。B-52 不同型号的尾部装有不同的机枪，如 G 型装有 4 挺 12.7 毫米机枪。B-52 载弹量非常大，能携带 31500 千克各型核弹和常规弹药。

基本参数	
制造商	波音公司
机身长度	48.5 米
机身高度	12.4 米
翼展	56.4 米
乘员	5 人
空重	83250 千克
最大起飞重量	220000 千克
最大速度	1000 千米/时
最大航程	16232 千米
最大升限	15000 米

机型特点

　　B-52 是美国波音公司研制的八发远程战略轰炸机，用于替换 B-36 轰炸机执行战略轰炸任务，主要用于执行远程常规轰炸和核轰炸。现在 B-52 和 B-1B、B-2 轰炸机一起共同组成美国空军的战略轰炸机部队。B-52 现役 76 架，仍然是美国空军战略轰炸主力，美国空军现在预计让 B-52 一路服役至 2050 年。在海湾战争中，B-52 总共执行了约 1620 次任务，投放炸弹相当于美军总投弹量的 1/3。

美国 B-57 "堪培拉" 轰炸机

B-57 "堪培拉" 是马丁公司制造的全天候双座轻型轰炸机。

性能解析

　　B-57 的动力装置为 2 台 J65-W-5 涡轮喷气发动机，单台推力为 3260 千牛。该机的武器装备有 8 挺 12.7 毫米机枪，各备弹 300 发，或改装 4 门 20 毫米机炮。机身中部的弹舱内和翼下挂架，可挂载各种对地攻击武器，总挂载量为 2700 千克。该机巡航速度为 880 千米/时，实用升限为 14480 米，作战半径达 1760 千米。

基本参数	
制造商	马丁公司
机身长度	19.96 米
机身高度	4.88 米
翼展	19.51 米
乘员	2 人
空重	13600 千克
最大起飞重量	25000 千克
最大速度	960 千米/时
最大航程	4380 千米
最大升限	13745 米

机型特点

　　B-57 为英国电气公司的 "堪培拉" 式轰炸机在美国的授权下制造的版本，但马丁公司在原本 "堪培拉" 轰炸机的基础上也做了许多重大的改动，为了满足美空军要求，结构又有所改进，使之具有强大的轰炸力，并由此发展出许多非常特别的 B-57 的衍生型。

美国 B-58 "盗贼" 轰炸机

B-58 是美军装备的第一种实用超音速轰炸机，是根据美国空军提出的超音速情况下投掷核武器的要求设计的。

★ 性能解析

B-58 的机身为半硬壳式结构，采用标准舱段，第 1 舱到第 5 舱为机组舱室，第 6 舱到第 19 舱为燃油舱，在燃油舱中有专门的两个舱（第 8、第 9 舱）为导航系统，第 19 舱以后为减速伞和电子设备舱。

机组成员包括 1 名飞行员，1 名导航员兼投弹手，另外还有 1 名防御系统操作手，全部坐在串列式座舱内，虽然这 3 个舱形成了一个相连的加压舱室，但每个座舱都具有单独的氧气系统。飞行员的风挡由 6 块玻璃组成，飞行员可以在飞行途中观察到发动机和部分机身。

基本参数	
制造商	康维尔公司
机身长度	29.5 米
机身高度	8.9 米
翼展	17.3 米
乘员	3 人
空重	25200 千克
最大起飞重量	80240 千克
最大速度	2228 千米 / 时
最大航程	7600 千米
实用升限	19300 米

★ 机型特点

B-58 拥有创纪录般的爬升速度，经常被形容为 "像火箭一样"，尤其是飞机轻载的时候。B-58 还拥有类似尺寸飞机中令人惊讶的机动性，虽然一般认为三角翼飞机在低空飞行时容易颠簸，但 B-58 同样适用于低空突破飞行。

美国 B-1 "枪骑兵" 战略轰炸机

B-1 "枪骑兵" 是北美飞机公司研制的一款超音速战略轰炸机。

性能解析

B-1 机体的最大特点是可变后掠翼布局、翼身融合体技术。其机身两侧安装活动前翼，略带后掠角，无副翼，横向操纵完全靠机翼上的扰流片和全动平尾的差动来实现。机身和机翼之间没有明显的交接线，极大地减少了阻力并增加升力。该机起飞时，变后掠翼处在最小后掠角位置，以获得最大升力。高速飞行时，收回到大后掠角的状态，以减小阻力，提高飞行速度。B-1 轰炸机有 6 个外挂点，可携挂 27000 千克炸弹。3 个内置弹舱，可携挂 34000 千克炸弹。

基本参数	
制造商	北美飞机公司
机身长度	44.5 米
机身高度	10.4 米
翼展	41.8 米
乘员	4 人
空重	87100 千克
最大起飞重量	216400 千克
最大速度	1529 千米 / 时
最大升限	18000 米
最大航程	11998 千米

机型特点

B-1 "枪骑兵" 轰炸机是美国空军使用的超音速可变后掠翼重型长程战略轰炸机。B-1B 是其主要的改型，截至 2013 年仍有至少 60 架在美国空军服役，也是美国空军战略威慑的主要力量之一。由于近年来美空军一直对 B-1B 进行改进，B-1 的作战任务也在不断扩展，现在 B-1B 能够执行近距离空中支援任务打击机动目标和应急目标。在阿富汗战争和伊拉克战争中，B-1B 通过高级保密卫星通信手段，接收地面特种部队和 E-8 飞机等发出的目标的准确数据指示，对目标实施了精确打击。

美国B-2"幽灵"战略轰炸机

B-2"幽灵"是目前世界上唯一的隐身战略轰炸机。

性能解析

由于采用了先进奇特的外形结构，B-2的可探测性极低，使其能够在较危险的区域飞行，执行战略轰炸任务。该机航程超过1万千米，而且安装有空中受油装置，具备空中加油能力，大大扩展了作战半径。该机每次执行任务的空中飞行时间一般不少于10小时。美国空军称其具有"全球到达"和"全球摧毁"的能力。

机型特点

基本参数	
制造商	格鲁曼公司
机身长度	21米
机身高度	5.18米
翼展	52.4米
乘员	2人
空重	71700千克
最大起飞重量	170600千克
最大速度	764千米/时
最大航程	10400千米
最大升限	15000米

B-2轰炸机有三种作战任务：一是不被发现地深入敌方腹地，高精度地投放炸弹或发射导弹，使武器系统具有最高效率；二是探测、发现并摧毁移动目标；三是建立威慑力量。美国空军扬言，B-2轰炸机能在接到命令后数小时内由美国本土起飞，攻击世界上任何地区的目标。

俄罗斯雅克 -38 战斗机

雅克 -38 是苏联海军航空兵装备的唯一一款垂直起降战斗机。

性能解析

雅克 -38 的垂直升降系统和 AV-8 不同，全机共装有 3 台发动机，分别为机尾的推进 / 升举发动机和驾驶舱后方的 2 台升举发动机。当雅克 -38 垂直升降时，驾驶舱后方的盖打开，里面的 2 台升举发动机开始工作，同时在机尾的发动机将喷管方向调整为向下，3 台发动机同时工作，产生向上的总推力，使战机垂直升空。作为舰载机，雅克 -38 的主翼与其他大多数舰载机一样可以向上折叠，以节省存放空间。该机也有不少缺点，例如，机械结构较为复杂，垂直起飞时耗油量较大，且因需要协调 3 台发动机共同工作，所以故障率较高。因此，雅克 -38 在垂直升降时如有意外发生弹射座椅会自动弹射。

基本参数	
制造商	雅克夫列夫
机身长度	16.37 米
机身高度	4.25 米
翼展	7.32 米
乘员	1 人
空重	7385 千克
最大起飞重量	11300 千克
最大航程	1300 千米
最大速度	1280 千米 / 时
最大升限	11000 米

机型特点

雅克 -38M 是雅克 -38 的改进型，在外形上最明显的改动，就是机背升力发动机进气口两侧的挡板，用于改善喷气回吸的问题。有消息证明，部分雅克 -38 也在服役后加装了挡板。不太明显的改动是前机轮改为了可转向，以便于短滑跑起落时的控制。

俄罗斯米格－17"壁画"战斗机

米格－17 战斗机（北约代号"壁画"）是一款由苏联米高扬设计局研制和生产的战斗机。

性能解析

米格－17 的航空电子包括 1 个 ASP-2N 面罩、SRO-1 敌我识别器、OSP-48 仪器降落系统、ARK-5 无线电测向仪、RW-2 无线电高度计和 MRP-48P 收发机。为了记录武器射击效果，还装有 1 台 S-13 摄影机。一些飞机还装有 1 台潜望镜来观察机背后的情况。米格－17 的武器包括 1 门有 40 发子弹的 N-37 机炮和两门各有 80 发子弹的 NR-2 机炮。3 门炮都装在机首入气口下面。它们装在 1 个钢管结构上，使用 1 个滑轮进行拆装，这个结构同时是前机身的一部分。

基本参数	
制造商	米高扬设计局
机身长度	11.26 米
机身高度	3.8 米
翼展	9.63 米
乘员	1 人
空重	3798 千克
最大起飞重量	5932 千克
一般航程	1290 千米
最大速度	1114 千米／时
实用升限	15600 米

机型特点

米格－17 是一架单引擎战斗机，其基本型号只有 1 名飞行员，中单翼。此外，它还有可伸缩的起落架和加压座舱。它是基于米格－15 战斗机的经验研制的。此款战机除了苏联以外还授权其他国家进行量产，因此有众多不同的衍生型。虽然米格－17 与米格－15 使用同一引擎，但它的升高和最高速度比米格－15 都要高。它的缺点在于起飞重量比米格－15 重，需要更长的跑道。

俄罗斯米格 –19 "农夫"战斗机

米格 –19 "农夫"是米高扬设计局研制的双发喷气式超音速战斗机。

性能解析

米格 –19 采用机头进气设计，部分机型在进气口上方装有雷达的锥形整流罩。机身蒙皮材质为铝质，尾喷口附近使用少量钢材。机翼为后掠翼设计，机翼前缘后掠角 58°。不同型号的米格 –19 使用了不同的发动机。米格 –19 爬升至 10000 米高度只需 66 秒，而同时期的 F–100 "超佩刀"战斗机爬升至 10500 米高度需要将近 4 分钟时间。该机的武装除 1 门固定的机首机炮和 2 门机翼机炮外，还可以通过 4 个挂架挂载导弹或火箭弹，导弹型号主要为 R–3 空对空导弹，火箭弹包括 S–5 系列。

基本参数	
制造商	米高扬设计局
机身长度	12.5 米
机身高度	3.9 米
翼展	9.2 米
乘员	1 人
空重	5447 千克
最大起飞重量	7560 千克
最大航程	2200 千米
最大速度	1455 千米/时
最大升限	17500 米

机型特点

米格 –19 是米高扬设计局研制的后掠翼布局战斗机，也是世界上第一种进入批量生产的超音速战斗机。该机爬升速度快，加速性和机动性好，火力强，能全天候作战，主要用于空战，争夺制空权，也可实施对地攻击。米格 –19 先后有多达 16 种改型，大部分未量产，只是用来测试不同的电子火控和武备系统。

俄罗斯米格 –21 "鱼床"战斗机

米格 –21 "鱼床"是米高扬设计局研制的单发单座轻型超音速战斗机。

性能解析

米格 –21 具有简单、轻便和善于缠斗的特点，而且价格也较为便宜，适合大规模生产。米格 –21 有 20 余种改进型，除几种试验用改型，其余的外形尺寸变化不大。虽然重量不断增加，但同时也换装推力更大的发动机，因而飞行性能差别不大。由于机载设备不同和武器不同，各型号的作战能力有明显差别。

机型特点

基本参数	
制造商	米高扬设计局
机身长度	15.4 米
机身高度	4.13 米
翼展	7.15 米
乘员	1 人
空重	5700 千克
最大起飞重量	9100 千克
最大速度	2125 千米 / 时
最大升限	19000 米
最大航程	1580 千米

米格 –21 的主要任务是高空高速截击、侦察，也可用于对地攻击。它是 20 世纪 50 年代以后世界上生产数量最多的超音速战斗机，捷克斯洛伐克和印度等国还进行了特许生产，与西方同级别的同代战斗机相比价格较低，总产量超过 6000 架。在 20 世纪 60 年代，苏联空军就装备了 2500 余架，并出口至世界 37 个国家和地区，目前仍有四大洲的近 50 个国家空军在使用米格 –21 战斗机。但该机除了大速度、减速性能好以外，其机动性能不好，加之机载设备过于简单，武器挂载能力过小和航程过短，因而作战能力有限。

俄罗斯米格-23 "鞭挞者" 战斗机

米格-23 "鞭挞者" 是米高扬设计局研制的可变后掠翼多用途超音速战斗机。

性能解析

米格-23 的设计思想强调了较大的作战半径、在多种速度下飞行的能力、良好的起降性和优良的中低空作战性能。该机采用变后掠上单翼布局，有 3 种推荐机翼后掠角，分别主要用于起降与巡逻的 18°40′，用于空战的 47°40′和用于超音速与低空高速飞行的 74°40′，而飞行员也可以通过座舱里的操作手柄对机翼角度进行调整。在武装方面，米格-23 除 1 门固定的 GSh-23L 双管 23 毫米机炮外，还可以通过机翼和机身下的挂架挂载包括 R-3、R-23/24 和 R-60 在内的多款空对空导弹。而米格-23MLD 更是可以使用先进的 R-27 和 R-73 空对空导弹。

基本参数	
制造商	米高扬设计局
机身长度	16.7 米
机身高度	4.82 米
翼展	13.97 米
乘员	1 人
空重	9595 千克
最大起飞重量	18030 千克
最大航程	2820 千米
最大速度	2445 千米 / 时
最大升限	18500 米

机型特点

米格-23 突破了米格飞机的重量轻、体积小，机动性能好的传统设计。米格-23 突出的性能是平飞速度大，并且水平加速性好，利于低空突防、高速拦截和攻击后脱离。但该机的高空性能不突出，中低空机动性较差，而它的对地攻击型由于武器挂载量较大，航程较远，低空突防速度快、装甲防护较好，倒不失为一种对地攻击能力较强的战斗机。

俄罗斯米格 –25 "狐蝠" 战斗机

米格 –25 "狐蝠" 是米高扬设计局于 20 世纪 60 年代研制的高空高速战斗机。

性能解析

米格 –25 的气动布局与之前的米格飞机有较大差别，采用中等后掠上单翼、两侧进气、双发、双垂尾布局。该机在设计上强调高空高速性能，曾打破多项飞行速度和飞行高度世界纪录，可在 24000 米高度上以 2.8 马赫的速度持续飞行，最大飞行速度达 3.2 马赫。为了保证机体能够承受住高速带来的高温，米格 –25 大量采用了不锈钢结构，但这样的高密度材料却给米格 –25 带来了更大的重量和更高的耗油量，在其突破 3 马赫高速飞行时油料无法支撑太久，而且机体本身的高度和重量也限制了其载弹量。

基本参数	
制造商	米高扬设计局
机身长度	19.75 米
机身高度	6.1 米
翼展	14.01 米
乘员	1 人
空重	20000 千克
最大起飞重量	41000 千克
最大航程	2575 千米
最大速度	3600 千米 / 时
最大升限	20700 米

机型特点

米格 –25 的研制主要是为了对付美国的研发中的 XB–70 "瓦尔基里" 轰炸机与 F108" 轻剑 " 战斗机，这两种飞机的最高速度同样达到了 3 马赫，普通的截击机根本无法追上更遑论跟踪监视拦截，只有米格 –25 拥有一定的拦截能力。它是世界上第一种速度超过 3 马赫的战斗机。

俄罗斯米格 –29 "支点" 战斗机

米格 –29 "支点" 是米高扬设计局设计的一款双发高性能制空战斗机。

性能解析

米格 –29 的整体气动布局为静不安定式，低翼面载荷，高推重比。精心设计的翼身融合体，是其气动设计上的最大特色。米格 –29 未使用线传飞控系统，而是采用液压控制与 SAU–451 三轴自动飞行仪。为了方便飞行员进行机种转换，米格 –29 的驾驶舱没有大量采用人体工学设计，并尽可能使其类似于之前的米格 –23。和以往的苏制战机相比，米格 –26 的驾驶舱视野有所改善，但仍然不及同时期的西方战斗机。

基本参数	
制造商	米高扬设计局
机身长度	17.32 米
机身高度	4.73 米
翼展	11.36 米
乘员	1 人
空重	11000 千克
最大起飞重量	20000 千克
最大速度	2400 千米 / 时
实用升限	17000 米
最大航程	1500 千米

机型特点

当时苏联空军为米格 –29 战斗机定下的基本设计指标是能在任意气象条件下和苛刻的电子干扰环境中，在全高度范围以各种飞行剖面内，摧毁距其 200 米到 60 千米的空中目标。可见米格 –29 最初是作为空中优势战斗机研制的，后期的改进型号逐步备有了空地攻击和反舰能力。具体到空优作战任务方面，苏联空军通过分析其空战经验和军用飞机的发展趋势，要求米格 –29 必须既能胜任机动格斗，又能进行超视距空战。

俄罗斯米格－31"捕狐犬"战斗机

米格－31"捕狐犬"是由米格－25发展而来的串行双座全天候截击战斗机。

性能解析

米格－31是俄制武器"大就是好"的典型代表，其机身巨大、推力引擎耗油高、相控阵雷达功率极强，至今仍能接受各种升级改装。该机采用二元进气道两侧进气、悬臂式后掠上单翼、双垂尾正常式布局。机身为全金属，其中合金钢50%，钛合金16%，轻质合金33%，其余为复合材料。与米格－25相比，米格－31的机头更粗（加装大型雷达）、翼展更大，增加了锯齿前缘，进气口侧面带附面层隔板，换装推力更大的引擎并加强机体结构，以适应低空超音速飞行。此外，增加了外挂点，攻击火力大大加强。

基本参数	
制造商	米高扬设计局
机身长度	22.69 米
机身高度	6.15 米
翼展	13.46 米
乘员	2 人
空重	21820 千克
最大起飞重量	46200 千克
最大速度	3255 千米 / 时
实用升限	20600 米
最大航程	3300 千米

机型特点

于1984年正式确定改进米格－31，计划分三次完成米格－31的改进工程：第一阶段改进型为米格－31M；第二阶段改进型为米格－31BM；第三阶段改进型为米格－31SM。米格－31M改进目的是加大飞机的作战半径、全面提升航电水平，增强多目标交战和远程高速侦察能力；1988年已开始研制的米格－31BM是米格－31M的进一步改进型，其改进重点是改善战机的座舱系统，使战机具备拦截隐身超低空超声速巡航导弹的能力。

俄罗斯米格 –35 "支点 F" 战斗机

米格 –35 "支点 F" 是米高扬设计局研制的多用途喷气式战斗机。

性能解析

米格 –35 的功能是在不进入敌方的反导弹区域时，对敌方的地上和水上高精准武器进行有效打击。机舱内不仅配备了"智能化座舱"，还装有液晶多功能显示屏。米格 –35 装备了全新的相控阵雷达，其火控系统中还整合了经过改进的光学定位系统，可在关闭机载雷达的情况下对空中目标实施远距离探测。米格 –35 配备有 1 门 30 毫米机炮，用于携带导弹和各型航弹的外挂点为 9 个，总载弹量为 6 吨。

基本参数	
制造商	米高扬设计局
机身长度	17.3 米
机身高度	4.7 米
翼展	12 米
乘员	1～2 人
空重	11000 千克
最大起飞重量	29700 千克
最大航程	2000 千米
最大速度	2600 千米 / 时
最大升限	17500 米

机型特点

米格 –35 在设计上是非常巧妙的，体现了旧苏联风格一贯的"另辟蹊径的巧妙"。通过对飞机各个部分的放大来实现更高的性能，但是不放大机身本身以减少开发新机体以及随之所需要开发的一系列新成品而带来的成本激增。这种方式比单纯地放大机身要聪明得多，不但基本获得了超级战斗机所拥有的各项超级性能，而且成本也相对便宜，是中小发展中国家保卫领空和提升空军综合作战水平的上佳选择。

俄罗斯苏–37 "终结者" 战斗机

苏–37 "终结者" 式战斗机是一种由俄罗斯苏霍伊设计局所研发生产的单座多用途喷射战斗机。

性能解析

苏–37 在苏–27 基础上进行了很多改进。这其中包括全天候多模式相控阵雷达，具备合成孔径、地形回避、地形绘制等功能，同时还有 1 部向后侦测的雷达。一部分机身使用了复合材料，而非苏–27 那样的全金属材料。另外，苏–37 采用了具有矢量喷管技术的 AL–37FU 发动机。矢量喷管使苏–37 可以控制气流喷射的方向，大幅增强机动性，特别是低速下的性能。苏–37 有 12 个挂点携带空对空与空对地导弹。在使用多挂点挂架时携带导弹和炸弹的数量可以增至 14 个。

基本参数	
制造商	苏霍伊设计局
机身长度	21.94 米
机身高度	6.84 米
翼展	15.16 米
乘员	1 人
空重	17670 千克
最大起飞重量	32494 千克
最大航程	3500 千米
最大速度	2440 千米 / 时
实用升限	17000 米

机型特点

由于采用了推力矢量技术和大推重比的发动机，苏–37 战斗机的机动性比苏–27 有了突破性的进步。据国外刊物的报道，凡是观看过苏–37 飞行表演的人，无不为它所表现出来的超级机动性能感到吃惊，许多空军的行家也认为苏–37 所表现出来的机动性能已经超越了他们的想象，完成了一些他们以前认为不可能完成的战术机动动作和特技飞行动作。

俄罗斯苏-15"细嘴瓶"截击机

苏-15"细嘴瓶"（Flagon）是苏霍伊设计局研制的一款双发截击机。

性能解析

除作战半径之外，苏-15 的各方面性能都是极其优秀的。该机装备 1 门 23 毫米双管机炮，备弹 200 发。机翼下共有 4 个外挂点，可挂装 AA-3"阿纳布"红外制导或雷达制导空对空导弹、"蚜虫"红外制导近距空对空导弹、其他武器或副油箱。动力装置为 2 台 R-13-300 涡轮喷气发动机，单台最大推力约 65 千牛，加力推力为 70 千牛。

基本参数	
制造商	苏霍伊设计局
机身长度	19.56 米
机身高度	4.84 米
翼展	9.34 米
乘员	1 人
空重	10874 千克
最大航程	1700 千米
最大速度	2230 千米 / 时
最大升限	18100 米

机型特点

苏-15 用以取代当时服役的苏-11 拦截机。虽然在作战半径上有所不足，但其他方面都被证明是极其优秀的。在 20 世纪 70 年代末期，苏-15 只配置在苏联本土，没有进驻华约其他国家，也未出口。当时苏联空军曾装备了 800 架以上的苏-15，如今则只能在航空博物馆的停机坪上看见它。

俄罗斯苏 -17 "装配匠" 攻击机

苏 -17 "装配匠" 是苏霍伊设计局从苏 -7 战斗轰炸机发展而来的攻击机。

性能解析

苏 -17 是在苏 -7 战斗轰炸机的基础上发展而来，采用可变后掠翼设计，在进行起降时会把机翼向前张开以减少所需跑道的长度。但在升空后则改为后掠，以维持与苏 -7 相当的空中机动性。苏 -17 装有 2 门 30 毫米 NR-30 机炮，另可挂载 3770 千克炸弹或导弹。

机型特点

苏 -17 主要担负空对地攻击任务，在必要的时候能进行空战。苏 -17 "装配匠" B 是苏 -17 的原型机，外翼段改成后掠角可调的活动翼，长 4 米。与苏 -7 相比，其起落性能有所改善，但总体性能提高不大。苏 -17 "装配匠" C 是以 "装配匠" B 为基础的改进型，是苏联空军主要的单座战斗轰炸机。此外，由于换装了性能较高的电子设备，增加了外挂架，后机身也稍微做了修改，武器载重能力和截击能力提高了。

基本参数	
制造商	苏霍伊设计局
机身长度	19.02 米
机身高度	5.12 米
翼展	13.68 米
乘员	1 人
空重	12160 千克
最大航程	2300 千米
最大速度	1860 千米 / 时
最大升限	14200 米

俄罗斯苏-24"击剑手"战斗轰炸机

苏-24"击剑手"是苏霍伊设计局设计的一款双座战斗轰炸机。

性能解析

苏-24是苏联第一种能进行空中加油的战斗轰炸机，其机翼后掠角的可变范围为16°~70°，起飞、着陆用16°，对地攻击或空战时为45°，高速飞行时为70°。其机翼变后掠的操纵方式比米格-23的手动式先进，但还达不到美国F-14的水平。苏-24装有惯性导航系统，飞机能远距离飞行而不需要地面指挥引导，这是苏联飞机能力的新发展。苏-24装有2门30毫米机炮，机上有8个挂架，正常载弹量为5000千克，最大载弹量为7000千克。

基本参数	
制造商	苏霍伊设计局
机身长度	22.53米
机身高度	6.19米
翼展	17.64米
乘员	2人
空重	22300千克
最大起飞重量	43755千克
最大航程	2775千米
最大速度	1315千米/时
最大升限	11000米

机型特点

苏-24是苏霍伊设计局设计的双座双发动机变后掠翼设计之低高度长程多用途攻击/战术轰炸机，主要用以取代老旧的雅克-28。除了携带传统的空对地导弹等武器进行攻击任务外，苏-24也可携带小型战术核武器，进行纵深打击。

俄罗斯苏-25"蛙足"攻击机

苏-25"蛙足"是苏联苏霍伊设计局研制的亚音速攻击机。

性能解析

苏-25结构简单，装甲厚重坚固，易于操作维护，适合在前线战场恶劣的环境中进行对己方陆军的直接低空近距离支援作战。该机的主要特点是：能在靠近前线的简易机场上起降，执行近距离战斗支援任务。反坦克能力强，机翼下可挂载"旋风"反坦克导弹，射程10千米，可击穿1000毫米厚的装甲。低空机动性能好，可在载弹情况下，在低空与米-24武装直升机协同，配合地面部队作战。防护力较强，座舱底部及周围有24毫米厚的钛合金防弹板。

基本参数	
制造商	苏霍伊设计局
机身长度	15.53 米
机身高度	4.8 米
翼展	14.36 米
乘员	1 人
空重	9800 千克
最大起飞重量	17600 千克
最大航程	750 千米
最大速度	975 千米/时
最大升限	7000 米

机型特点

苏-25采用图曼斯基R-195型发动机，单台推力44.13千牛，喷嘴末端经过特别改装以降低排气温度，减少红外线踪迹；苏-25的发动机外形虽不美观，但输出马力强劲，在同级攻击机中功率最高。波机主要武器：AO-17A型30毫米机炮，翼面下有8个外挂点，挂载量可达4400千克，包括各种火箭吊舱、多种空对地导弹和炸弹。

俄罗斯苏－27"侧卫"战斗机

苏－27"侧卫"是由苏霍伊设计的一款单座双发全天候重型战斗机。

性能解析

　　苏－27 机动性和敏捷性好、续航时间长，可以进行超视距作战。但其机载电子设备和座舱显示设备较为落后，并且不具隐身性能。苏－27 的基本设计与米格－29 相似，不过个头要比后者大上很多。苏－27 的机身为全金属半硬壳式，机头略向下垂。为了最大化地减轻重量，它采用了约 30% 的钛，这个比例高于同期所有飞机，但苏－27 没有采用复合材料。

机型特点

基本参数	
制造商	苏霍伊设计局
机身长度	21.94 米
机身高度	5.93 米
翼展	14.7 米
乘员	1 人
空重	17450 千克
最大起飞重量	33000 千克
最大速度	2876 千米 / 时
最大升限	18000 米
最大航程	3790 千米

　　苏－27 的 LyulkaAL-31F 涡轮风扇发动机提供比较好的安全性，以及进气道无间断的气流。同时在高迎角时帮助维持发动机气流。在进气道中有过滤网防止起飞时异物被吸入引擎。由于最初是把苏－27 作为截击机来设计的，因此，它虽然有 8 吨的载弹量，但只能挂载无制导炸弹和火箭弹。

俄罗斯苏-30"侧卫C"战斗机

苏-30"侧卫C"是苏霍伊设计局研制的一款多用途重型战斗机。

性能解析

苏-30为双发双座设计,外形与苏-27非常相似。苏-30的油箱容量较大,具有长航程的特性,而且还具备空中加油能力。该机具有超低空持续飞行能力、极强的防护能力和出色的隐身性能,在缺乏地面指挥系统信息时仍可独立完成歼击与攻击任务,其中包括在敌方纵深执行战斗任务。该机能够承担全范围的战术打击任务,包括夺取空中优势、防空作战、空中巡逻及护航、压制敌方防空系统、空中拦截、近距离空中支援,以及对海攻击等。此外,苏-30还具备空中早期预警、指挥和调控己方机群进行联合空中攻击的能力。

基本参数	
制造商	苏霍伊设计局
机身长度	21.935 米
机身高度	6.36 米
翼展	14.7 米
乘员	2 人
空重	17700 千克
最大起飞重量	34500 千克
最大航程	3000 千米
最大速度	2120 千米/时
最大升限	17300 米

机型特点

俄罗斯苏-30战斗机在这架飞机上装有新的导航系统和标准的后座舱,航空电子设备和系统可以在超过10小时的飞行中持续使用,而且考虑到机组人员的生理需要,在飞机的座舱内安置了新设计的供氧装置和排泄系统。

俄罗斯苏-33"侧卫D"战斗机

苏-33"侧卫D"是苏霍伊设计局在苏-27基础上研制的一款单座双发多用途舰载机。

性能解析

苏-33的机身结构与苏-27基本相同，都由前机身、中央翼和后机身组成。该机增大了主翼面积，且为满足舰载机采用拦阻方式着舰时所需要承受的5G纵向过载，对机身主要承力结构进行了大幅加强。前起落架支柱直接与机身主承力结构连接，加强了前起落架的结构强度，并且改用了双前轮。主起落架直接联结在机身侧面的尾梁上，通过加强的结构和液压减振系统，使主起落架可以承受在舰上拦阻着陆时

基本参数	
制造商	苏霍伊设计局
机身长度	21.94 米
机身高度	5.93 米
翼展	14.7 米
乘员	1 人
空重	18400 千克
最大起飞重量	33000 千克
最大航程	3000 千米
最大速度	2300 千米/时
最大升限	17000 米

6~7米/秒的下沉率。为了避免飞离甲板的瞬间机身过重而翻覆，起飞时不能满载弹药和油料，这成为苏-33的致命缺陷。

机型特点

苏-33在战斗机划代上属于第四代战斗机改进型，即第四代半战斗机。苏-33继承了苏-27家族优异的气动布局，实现了机翼折叠，新设计了增升装置、起落装置和着舰钩等系统，使得飞机在保持优良的作战使用性能条件下，实现了着舰要求的飞行特性。苏-33现为俄罗斯海军库兹涅佐夫号航空母舰上的主战机种，也是现役世界上最大的舰载战斗机。

俄罗斯苏–34"鸭嘴兽"战斗轰炸机

苏–34"鸭嘴兽"是苏霍伊设计局研制的一款双发重型战斗轰炸机。

性能解析

苏–34最大特征是其扁平的机头，由于采用了并列双座的设计，使得机头增大，为了减小体积而被设计为扁平。苏–34采用了许多先进的装备，包括装甲座舱、液晶显示器、新型数据链、新型火控计算机、后视雷达等。为了适应轰炸任务，该机在座舱外加装了厚达17毫米的钛合金装甲。苏–34多达12个外挂，可挂载大量导弹、炸弹和各类弹舱，具备多任务能力。此外，该机还加强了起落架的负载能力，其双轮起落架使其具备在前线野战机场降落的能力，大大增强了作战灵活性。

基本参数	
制造商	苏霍伊设计局
机身长度	23.34 米
机身高度	6.09 米
翼展	14.7 米
乘员	2 人
空重	14000 千克
最大起飞重量	45100 千克
最大航程	4000 千米
最大速度	2200 千米 / 时
最大升限	15000 米

机型特点

苏–34的进一步改型为苏–32FN，主要用于海上攻击和侦察任务。1997年12月该机基本定型。与苏–34不同的是，苏–32FN岸基侦察攻击机的机载无线电电子设备和机载武器做了一些改进和变动，以便进一步提高自身对海上目标的侦察和攻击能力。为了执行海上巡逻反舰/搜潜任务，苏–32FN岸基侦察攻击机装备了"海蛇"机载无线电电子设备，主要用于对水面舰只、水下潜艇以及水雷等目标实施搜索。"海蛇"雷达可以发现和识别150~200千米的海上目标。

俄罗斯苏 –35 "侧卫 E" 战斗机

苏 –35 "侧卫 E" 是苏霍伊航空集团研制的单座双发、超机动多用途重型战斗机。

性能解析

苏 –35 除了用三翼面设计带来绝佳的气动力性能外，真正的重点在航电设备，提升自动化、计算机化、人性化、指管通情能力等，与同时期西方开发中的新世代战机的航电设计理念相同。大幅提升航空电子性能的结果是重量增加，必须有其他改良才能避免机动性、加速性、航程的下降。因此除了以前翼提升操控性外，还装备了更大推力的发动机，主翼与垂尾内的油箱也予以增大。整体来说，苏 –35 在机动性、加速性、结构效益、航电性能各方面都全面优于苏 –27S，而不像其他改进型有取有舍。

基本参数	
制造商	苏霍伊航空集团
机身长度	22.2 米
机身高度	6.43 米
翼展	15.15 米
乘员	1 人
空重	17500 千克
最大起飞重量	34000 千克
最大航程	4000 千米
最大速度	2450 千米 / 时
最大升限	18000 米

机型特点

就传统空战飞行方式而言，虽然苏 –35 的超载性能较好，但指向性能逊于鸭式布局的台风战斗机与阵风战斗机。近距空战时，高指向性是最致命的飞行性能，因此在近战武器性能相当的前提下，台风战斗机与阵风战斗机有胜过苏 –35 的可能。

俄罗斯苏-47"金雕"战斗机

苏-47"金雕"是苏霍伊航空集团研发的一款超音速试验机。

性能解析

　　苏-47的机身横截面为椭圆形，全机主要由钛铝合金建造。该机采用前掠机翼设计，有明显的机翼翼根边条和较长的机身边条，从而大幅降低阻力并减少雷达反射信号。苏-47在亚音速飞行时有着极高的灵敏度，能够快速地改变迎角与飞行路径，在超音速飞行时也可保持高机动性。苏-47的高转向率让飞行员可以迅速地将战斗机转向下一个目标，并展开导弹攻击。

基本参数	
制造商	苏霍伊航空集团
机身长度	22.6 米
机身高度	6.3 米
翼展	16.7 米
乘员	1 人
空重	16830 千克
最大起飞重量	35000 千克
最大速度	2600 千米 / 时
最大航程	4000 千米
最大升限	18000 米

机型特点

　　苏-47战斗机是一种多用途战斗机，是俄罗斯第五代战斗机的技术验证机。其设计重点突出在大迎角下的机动性和敏捷性以及飞机的低可探测性，基本的尺寸和重量数据与苏-37类似，机头、机尾和座舱与苏-35相似，起落架与苏-27K相同，采用苏-35/37的四余度数字式电传飞行控制系统。

俄罗斯苏 –57 战斗机

苏 –57 战斗机是俄罗斯在 "未来战术空军战斗复合体" 计划下研制的一款第五代战斗机。

性能解析

苏 –57 战斗机的隐身性能不比 F–22 逊色，机头、机舱、进气道等都采用了独特的形状设计，保证了对雷达波的低可探测性，为增强隐身效果，武器舱采取内置方式。该机的战斗载荷可达 6000 千克，内置 4 个武器舱，能实现飞行性能和隐身性能的良好结合，具备空中格斗和对地攻击能力。该机的机身横截面为椭圆形，主要由钛铝合金建造，13% 为复合材料。

基本参数	
制造商	苏霍伊航空集团
机身长度	19.8 米
机身高度	4.8 米
翼展	14 米
乘员	1 人
空重	17500 千克
最大起飞重量	35000 千克
最大速度	2600 千米 / 时
最大航程	3500 千米
最大升限	20000 米

机型特点

苏 –57 战斗机作为俄罗斯的第五代战斗机有着显著的不同，之前的战斗机只能在很短的时间内进行超音速飞行，而苏 –57 则要在不借助加力燃烧室的条件下保持高速飞行，同时具备很强的机动性并能够携带高效的武器系统，以实现超音速状态下的作战。

俄罗斯图–16 "獾" 轰炸机

图–16轰炸机是苏联图波列夫设计局为苏联空军设计的双发高亚音速中程轰炸机,是根据能对西欧北大西洋公约组织成员国的重要军事目标进行战略轰炸的要求而设计的。

性能解析

图–16飞机的空调系统使用由发动机第七压气机来的空气给前、后气密座舱增压和加温。当飞机进入作战状态时,为防止座舱压力由于蒙皮穿孔而急剧降低,可用手调活门进行调节。飞机上设有专门系统保证低空飞行时座舱的自然通风,飞机上还有液氧装置。

前起落架有油液氮气缓冲支柱,一对机轮刚性固定于缓冲支柱活塞杆头上旋转的轮轴上。前起落架装有转弯操纵机构,并有机轮

基本参数	
制造商	图波列夫设计局
机身长度	34.8 米
机身高度	9.85 米
翼展	33 米
乘员	6 人
空重	37040 千克
正常起飞重量	72000 千克
最大航程	6000 千米
最大速度	992 千米 / 时
最大升限	12800 米

中立机构,以保证机轮在起飞离地后能顺航向向后收入前起落架舱内。每个主起落架的小车架上装有前后并列的4个机轮,有油液氮气缓冲支柱,与小车架铰接。每个主机轮都有2个囊式液压刹车装置。主起落架由液压收放作动筒向后收入机翼上的主起落架舱内。尾橇也装有油液氮气缓冲器,由电动机构向后收入机身内。机尾装有减速伞。

机型特点

图–16的各型外形基本相同,只是机载设备不同,或局部外形有些改变。该机共有12种型别。图–16采用细长流线型机身,后掠机翼,2台图曼斯基的涡轮喷气发动机紧靠机身两侧,平尾和垂尾均有较大后掠角。"獾"A战略轰炸机的基本型带核弹或常规自由落体炸弹,乘员7名。有些飞机作为空中加油机,进行伙伴加油时使用独特的翼尖对翼尖加油技术。

俄罗斯图–95 "熊" 战略轰炸机

图–95 "熊" 是苏联图波列夫设计局研制的一款四发长程战略轰炸机。

性能解析

　　图–95 的机身为半硬壳式全金属结构，截面呈圆形。机身前段有透明机头罩、雷达舱、领航员舱和驾驶舱。后期改进型号取消了透明机头罩，改为安装大型火控雷达。起落架为前三点式，前起落架有 2 个机轮并列安装。图–95 使用 4 台 NK–12 涡桨发动机，最大时速超过了 900 千米，这使其成为速度最快、最大的螺旋桨飞机。在武装方面，图–95 除安装有单座或双座 Am–23 23 毫米机尾机炮外，还能携挂 25 吨的炸弹和导弹，其中包括可使用 20 万吨当量核弹头的 Kh–55 亚音速远程巡航导弹。

基本参数	
制造商	图波列夫设计局
机身长度	49.5 米
机身高度	12.12 米
翼展	54.1 米
乘员	6~7 人
空重	90000 千克
最大起飞重量	188000 千克
最大航程	15000 千米
最大速度	925 千米/时
最大升限	12000 米

机型特点

　　图–95 航程长，可完成当时的战略任务要求。但速度慢，不适合在 3000 米以下高度飞行。因此在防空技术不断提高后，图–95 只能袭击无防空力量的目标，或在夜间使用电子干扰设备进行偷袭，或发射防区外远程导弹。

俄罗斯图 –22M "逆火" 战略轰炸机

图 –22M "逆火" 是图波列夫设计局研制的一款超音速可变后掠翼长程战略轰炸机。

性能解析

图 –22M 最大的特色在于变后掠翼设计，低单翼外段的后掠角可在 20°~55°调整，垂尾前方有长长的脊面。在轰炸机尾部设有一个雷达控制的自卫炮塔，武装为 1 门 23 毫米双管炮。起落架可收放前三点式，主起落架为多轮小车式。图 –22M 的机载设备较新，其中包括具有陆上和海上下视能力的远距离探测雷达。该机的动力装置为 2 台并排安装的大推力发动机，其中图 –22M2 使用的是 HK–22 涡扇发动机，

基本参数	
制造商	图波列夫设计局
机身长度	42.4 米
机身高度	11.05 米
翼展	34.28 米
乘员	4 人
空重	58000 千克
最大起飞重量	126000 千克
最大航程	7000 千米
最大速度	2327 千米 / 时
最大升限	13300 米

图 –22M3 装 HK–25 涡扇发动机。除机炮外，图 –22M 还可挂载 21000 千克的炸弹和导弹。

机型特点

图 –22M "逆火" 是在图 –22 基础上，进行重新设计和技术改进的成果，既可以执行战略核轰炸，又可以进行战术轰炸，尤其是携带大威力反舰导弹，远距离快速奔袭，攻击航空母舰编队。"逆火" 轰炸机先后发展出图 –22M、M2、M3 三种型号。目前，400 多架图 –22M 轰炸机分别部署在俄罗斯、乌克兰、白俄罗斯、爱沙尼亚四国境内。

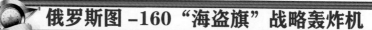

俄罗斯图-160 "海盗旗" 战略轰炸机

图-160 "海盗旗" 是图波列夫设计局研制的一款可变后掠翼超音速远程战略轰炸机。

性能解析

图-160 的作战方式以高空亚音速巡航、低空高亚音速或高空超音速突防为主。在高空可发射具有火力圈外攻击能力的巡航导弹。进行防空压制时，可发射短距攻击导弹。另外，该机还可低空突防，用核炸弹或导弹攻击重要目标。据说图-160 作为火箭载机与 "纤夫" 飞航式火箭组合可以把轻型卫星送入地球轨道。图-160 座舱内 4 名机组人员前后并列，均有单独的零–零弹射

基本参数	
制造商	图波列夫设计局
机身长度	54.10 米
机身高度	13.1 米
翼展	55.70 米
乘员	4 人
空重	118000 千克
最大起飞重量	275000 千克
最大速度	2000 千米 / 时
实用升限	15000 米
最大航程	12300 千米

座椅。由于体积庞大，图-160 驾驶舱后方的成员休息区中甚至还设有 1 个厨房。

机型特点

图-160 "海盗旗" 是俄罗斯最新一代的远程战略轰炸机，自重居世界之冠。"海盗旗" 实际上是该机的北约代号。该机的生产改进工作在苏联解体之后基本停顿，但仍然担负着重要的战略威慑任务。2003 年 8 月 22 日下午，2 架图-160战略轰炸机从萨拉托夫州空军基地飞往远东。在 9 个半小时的飞行中，图-160进行了超音速飞行、超低空高速飞行、反歼击机攻击等一系列项目的演练，经过这次演习，证明了图-160 仍然是俄罗斯引以为自豪的远程战略轰炸机。

欧洲"台风"战斗机

"台风"（Typhoon，又被称为EF-2000）是欧洲战机公司研制的双发多功能战斗机。

性能解析

"台风"战斗机是世界上少数可以在不开后燃器的情况下超音速巡航的量产战斗机，其采用的2台Eurojet EJ200涡扇发动机非常优秀，单台推力可达60千牛。"台风"是集便于组装、隐身性、高效能和先进航空电子于一体的多功能战机，除空战能力强之外还拥有不错的对地作战能力，可使用各种精确对地武器。与其他同级战机相比该机也更加智能化，可有效降低飞行员的工作量，提高作战效能。

基本参数	
制造商	欧洲战机公司
机身长度	15.96 米
机身高度	5.28 米
翼展	10.95 米
乘员	1~2 人
空重	11150 千克
最大起飞重量	23500 千克
最大航程	3790 千米
最大速度	2124 千米/时
最大升限	19812 米

机型特点

欧洲"台风"战斗机是一款由欧洲战机公司设计的双发、三角翼、鸭式布局、高机动性的多用途第四代半战斗机。欧洲台风战斗机和法国达索阵风战斗机以及瑞典萨博JAS-39战斗机因为其优异的性能表现，并称为欧洲"三雄"。台风战斗机已经投入量产，并且首先在意大利空军和西班牙空军中形成战斗力。英国和德国也在2006年宣布将"台风"投入使用。奥地利订购了15架台风，沙特阿拉伯在2006年8月18日签订合同，订购了72架。2016年2月，美国《军事航空与航天电子网站》评选出2015—2016年度世界现役战斗机综合排行，欧洲"台风"战斗机排名第五。

欧洲"狂风"战斗机

"狂风"是由德国、英国和意大利联合研制的双发战斗机。

性能解析

　　"狂风"战斗机采用串列式双座、可变后
掠悬臂式上单翼设计。后机身内并排安装 2 台
涡轮风扇发动机，进气道位于翼下机身两侧。
在后机身上部两侧各装有 1 块减速板，可在
高速飞行中使用。座舱 2 个座位为前后串列式
布置，均采用马丁·贝克 Mk.10A 弹射座椅。
"狂风"战斗机有多个型号，其武器也各不相同。
以"狂风"IDS GR.4 型为例，其武装除 27 毫
米毛瑟 BK-27 机炮外，机身和机翼下的 7 个
挂架可挂载各种导弹、炸弹和火箭弹等。

基本参数	
制造商	帕那维亚公司
机身长度	16.72 米
机身高度	5.95 米
翼展	13.91 米
乘员	2 人
空重	13890 千克
最大起飞重量	28000 千克
最大航程	3890 千米
最大速度	2417 千米 / 时
实用升限	15240 米

机型特点

　　"狂风"战斗机是为适应北约组织对付突发事件的"灵活反应"战略思想
而研制的，主要用来代替 F-4、F-104、"火神""坎培拉""掠夺者"等战斗机
和轰炸机，执行截击、攻击等常规作战任务。"狂风"战斗机机内电子设备先进
且复杂，既有各种通信、导航 / 攻击、敌我识别、搜索雷达等设备，也有电子
干扰、照相侦察等设备。

英法"美洲豹"攻击机

"美洲豹"是由英国和法国联合研制的双发多用途战斗机。

性能解析

虽然"美洲豹"是由英、法合作研发，但两国在许多规格与装备采用上却不尽相同。如英国版使用 2 台劳斯莱斯 RT172 发动机，每具推力 3313.5 千牛。法国版使用 2 台 Adour102 发动机，单台推力 3316 千牛。两种版本都装有 30 毫米机炮，并可挂载 4536 千克导弹和炸弹等武器。

机型特点

"美洲豹"攻击机是一种由英国、法国联合开发的双引擎多用途战斗机系列。

基本参数	
制造商	欧洲战斗教练和战术支援飞机制造公司
机身长度	16.8 米
机身高度	4.9 米
翼展	8.7 米
乘员	1~2 人
空重	7000 千克
最大起飞重量	15700 千克
最大航程	3524 千米
最大速度	1699 千米 / 时
最大升限	14000 米

1964 年 4 月英国与法国为了满足对于多用途先进教练机及战术支援飞机的共同需求而达成协议，共同研发了"美洲豹"式多用途战机。单座为攻击机机型，双座为教练机机型，借以执行近距支援（CAS）、战场空中阻绝（BAI）及战术侦察与教练飞行等任务。

英国"喷火"战斗机

"喷火"是英国在二战中装备的主要单发战斗机，由超级马林公司研制。

性能解析

"喷火"战斗机无论从技术上还是性能上，都是英国当时最先进的战斗机。它采用的新技术包括：单翼结构、全金属承力蒙皮、铆接机身、可收放起落架、变矩螺旋桨和襟翼装置，机身小得只能容纳 1 名飞行员。"喷火"的机动性比德国的同类战斗机略差，但稳定性更佳，可以大大减轻飞行员的负担。

机型特点

为了使"喷火"战斗机始终能和敌方最先进的战斗机匹敌，因此在生产过程中一直在进行改进。主要改进是发动机增加功率；采用不同的翼形，以适应不同高度的任务（一共 3 种翼形，标注在飞机型号中间，LF– 低空、F– 中空通用、HF– 高空）。经过不断改进，"喷火"逐渐达到了活塞式战斗机性能的极限。

基本参数	
制造商	超级马林公司
机身长度	9.1 米
机身高度	3.9 米
翼展	11.2 米
乘员	1 人
空重	2300 千克
最大起飞重量	3100 千克
最大航程	1840 千米
最大速度	602 千米 / 时
最大升限	11300 米

英国"弯刀"战斗机

"弯刀"是由英国超级马林公司研制的一款喷气式战斗机。

性能解析

　　"弯刀"战斗机采用中单翼设计，机翼在 1/4 弦线处的后掠角度是 45°，机翼中间的部分可以向上折起以节省在航舰上的储存与操作空间。机翼前端是同样长度的前缘襟翼，为了降低降落速度与保持良好的低速控制，该机的发动机位于机身的两侧，有各自的进气口和进气道负责提供稳定的气流。武装除固定的 4 门 30 毫米机炮外，还可以在机翼下的两处挂架挂载各种弹药和副油箱。

基本参数	
制造商	超级马林公司
机身长度	16.87 米
机身高度	4.65 米
翼展	11.33 米
乘员	1 人
空重	10869 千克
最大航程	2289 千米
最大速度	1185 千米 / 时
最大升限	14000 米

机型特点

　　全后掠翼设计的 525 型原型机于 1954 年 4 月首次飞行，当时是英国生产过的体形最大的单座战斗机。1956 年大幅改变设计的 545 型原型机试飞成功，但是一度在飞行中几乎坠毁。再度修改的原型机继续试验，直到 1957 年 3 月才被英国皇家海军接受，并进入量产阶段，正式命名为"弯刀"战斗机。

英国"海雌狐"战斗机

　　"海雌狐"是由英国霍克·西德利公司于 20 世纪 50 年代末开发的一种双尾布局双发战斗机。

性能解析

　　"海雌狐"战斗机沿袭了德·哈维兰公司自吸血鬼以来的双尾梁布局，主要目的是尽量缩短发动机进气道和喷管的长度，以减少气流在这些部位的能量损失，而且可以使 2 台发动机靠得非常近，单发飞行时不会有

基本参数	
制造商	霍克·西德利公司
机身长度	16.94 米
机身高度	4.75 米
翼展	15.55 米
最大起飞重量	18858 千克
最大速度	1030 千米 / 时

太大的推力不对称，两头固定的尾翼也不会轻易在高速时发生震颤。

　　"海雌狐"乘员舱的布置也很特殊，2 名乘员并列位于机头地位，飞行员的座舱罩偏左并突出于机身，右侧的雷达操作员舱完全位于机身内，基本没有外视野。2 名飞行员都没有弹射座椅，只能通过人力开舱门跳伞脱离飞机。它的 AI.18 空中截击雷达由 GEC 公司研制，作用距离约 32 千米；机翼下的挂架最多可带 4 枚火光（Firestreak）空对空导弹，或者总共 907 公斤的炸弹，机头下还有 2 个火箭弹发射装置，内部有 28 枚 50 毫米空对空火箭弹。

机型特点

　　"海雌狐"是英国第一种具有齐备武器系统的舰载战斗机。20 世纪 60—70 年代，"海雌狐"一直是英国海军的主力战斗机，其具有全天候作战能力。

英国"闪电"战斗机

"闪电"战斗机是由英国电气公司设计的第一种 M2 一级的战斗机，在 20世纪 60 年代作为当时的一种"过渡性装备"进入英国皇家空军服役。

性能解析

"闪电"式战斗机为了在机首的激波锥内安装雷达，不得不加大其直径。同时，为了给 2台发动机供气，进气口直径也要加大。如果按照我国的歼八方式水平安置发动机，则可能造成座舱过低、视野不佳的后果。在进气口直径、激波锥大小既定的情况下，上下并列 2 台发动机的直接后果就是抬高了机身与座舱，也加大了机翼的净面积。

基本参数	
制造商	英国航空工业
机身长度	16.81 米
机身高度	5.97 米
翼展	10.61 米
空重	16600 千克
最大起飞重量	21700 千克
爬升率	254 米 / 秒
最大速度	2335 千米 / 时
实用升限	18300 米

机型特点

"闪电"攻击机是英国航空工业自行设计并制造过的唯一一种 2 倍音速飞行的双发单座喷气战斗机。在后来与美军的联合演习中，竟多次成功"拦截"在高空飞行的 U-2 飞机，为此赢得了军方的青睐。

英美 AV-8B "海鹞 II" 攻击机

AV-8B "海鹞 II" 是由英国宇航和美国麦道公司联合生产的一款短距 / 垂直起降攻击机。

性能解析

AV-8B 在减重上下了很大的功夫，其中采用复合材料主翼是主要改善项目之一。AV-8B 的机身前段也使用了大量的复合材料，减掉了大约 68 千克的重量。其他采用复合材料的部分包括升力提升装置、水平尾翼、尾舵，只有垂直尾翼、主翼与水平尾翼的前缘及翼端、机身中段及后段等处使用金属材质。AV-8B 的超临界主翼比 AV-8A 的主翼厚，同时翼展增加 20%，

基本参数	
制造商	英国宇航和美国麦道公司
机身长度	14.12 米
机身高度	3.55 米
翼展	9.25 米
乘员	1 人
空重	6745 千克
最大起飞重量	14000 千克
最大航程	2200 千米
最大速度	1083 千米 / 时

后掠角减少 10%，面积增加了 14.5%，每边也各增加 1 个挂架，导致 AV-8B 的飞行速度逊于 AV-8A，但是在升力上的表现却比 AV-8A 优异。

机型特点

AV-8B 安装了前视红外探测系统，夜视镜等夜间攻击设备，夜战能力很强。它的起飞滑距距离不到 F-16 战斗机的 1 / 3，可在 365 米长的场地中起飞，适于在前线使用，是目前世界上最先进并服役的亚音速垂直 / 短距起降攻击机。AV-8B 的特点是可以机动、灵活、分散配置、不依赖永久性基地。但它也有缺点，垂直起降时航程短，载弹量小，而且操纵比较复杂，事故率较高；亚音速飞行，低空攻击，易被击落，战损率较高。

英国"火神"轰炸机

"火神"是由英国霍克·西德利公司研制的一款中程战略轰炸机。

性能解析

　　"火神"采用无尾三角翼气动布局，是世界上最早的一种三角翼轰炸机。发动机为4台"奥林巴斯"301型喷气发动机，安装在翼根位置，进气口位于翼根前缘。"火神"拥有面积很大的1副悬臂三角形中单翼，前缘后掠角50°。机身断面为圆形，机头有1个大的雷达罩，上方是突出的座舱顶盖。座舱可坐正、副驾驶员，电子设备操作员，雷达操作员和领航员，机头下有投弹瞄准镜。机身腹部有1个长8.5米的炸弹舱，可挂21枚454千克级炸弹或核弹，也可以挂在1枚"蓝剑"空对地导弹。

基本参数	
制造商	霍克·西德利公司
机身长度	29.59米
机身高度	8.0米
翼展	30.3米
乘员	5人
空重	37144千克
最大起飞重量	77111千克
最大航程	4171千米
最大速度	1038千米/时
最大升限	17000米

机型特点

　　英国"火神"轰炸机是英国霍克·西德利公司研制的中程战略轰炸机，同时也是世界上最早的一种三角翼轰炸机。"火神"轰炸机开始用作执行中程战略轰炸任务，后改为执行常规轰炸任务。2015年7月，英国红箭皇家空军特技飞行表演队和"火神"轰炸机组成空中编队，在格洛斯特郡上空伴飞"火神"的最后一次飞行表演。"火神"轰炸机由于维护资金筹集困难等原因，在此次航展后就会停飞。

英国"勇士"轰炸机

"勇士"是由英国维克斯·阿姆斯特朗公司研制的战略轰炸机。

性能解析

　　"勇士"采用悬臂式上单翼设计，在两侧翼根处各安装有 2 台"埃汶"发动机。该机的机翼尺寸巨大，所以翼根的相对厚度被控制在 12%，以利于空气动力学。该机的发动机保养和维修比较麻烦，且一旦某台发动机发生故障，很可能会影响到紧邻它的另一台发动机。"勇士"的机组成员为 5 人，包括正副驾驶、2 名领航员和 1 名电子设备操作员。所有成员都被安置在 1 个蛋形的增压舱内，不过只有正、副驾驶员拥有弹射座椅，所以在发生事故或被击落时，其他机组成员只能通过跳伞逃生。

基本参数	
制造商	维克斯·阿姆斯特朗公司
机身长度	32.99 米
机身高度	9.8 米
翼展	34.85 米
乘员	5 人
空重	34491 千克
最大起飞重量	63600 千克
最大航程	7245 千米
最大速度	913 千米 / 时
最大升限	16500 米

机型特点

　　和"胜利者"或者"火神"相比，"勇士"的设计是比较保守的。它给人以简洁利落的总体印象，但也没有特别出彩的地方，按爱德华兹的说法，就是 Unfunny。预生产型"勇士"安装有 4 台 RA.14"埃汶"Mk.201 发动机，皇家空军曾经试验过为它在翼下安装德 – 哈维兰"小妖"或"链齿"助推火箭发动机，但效果并不理想。因为一旦某侧的助推火箭发生故障，造成两侧推力不对称，反而容易酿成事故。后来因为有了推力更大的"埃汶"改进型发动机，加装助推火箭的计划也随之作罢。

英国"胜利者"轰炸机

"胜利者"是由英国汉德利·佩季公司研制的一款战略轰炸机。

性能解析

　　"胜利者"轰炸机采用月牙形机翼和高平尾布局，4 台发动机装于翼根，采用两侧翼根进气。由于机鼻雷达占据了机鼻下部的非密封隔舱，座舱一直延伸到机鼻，提供了更大的空间和更佳的视野。该机的机身采用全金属半硬壳式破损安全结构，中部弹舱门用液压开闭，尾锥两侧是液压操纵的减速板。尾翼为全金属悬臂式结构，采用带上反角的高平尾，以避开发动机喷流的影响。垂尾和平尾前缘均用电热除冰。

基本参数	
制造商	汉德利·佩季公司
机身长度	35.05 米
机身高度	8.57 米
翼展	33.53 米
乘员	5 人
空重	40468 千克
最大起飞重量	93182 千克
最大航程	9660 千米
最大速度	1009 千米 / 时
最大升限	17000 米

机型特点

　　B.1 和 B.1A 是"胜利者"的第一种生产型，与原型机的差别在于其换装了"萨菲尔"202 涡轮喷气发动机，机身加长约 1 米。B.1A 在设备上有改进，包括在机身内装了电子对抗雷达。BK.1 和 BK.1A 是 B.1 和 B.1A 停止使用后改装的空中加油机，但仍具备轰炸能力。1964 年原型机改装完毕，1965 年 8 月开始装备部队。1967 年用 3 条加油管设备代替了原来的 2 条加油管的老设备。

法国"阵风"战斗机

"阵风"是由法国达索公司研制的一款第四代半战斗机。

性能解析

　　"阵风"战斗机采用"复合后掠"三角翼及先天不稳定气动布局,有较大的高位活动鸭式前翼和单垂尾,机身为半硬壳式,前部分主要使用铝合金制作而成,后部分则大量使用了碳纤维复合材料。该机进气道位于下机身两侧,这种设计可有效改善进入发动机进气道的气流,从而提高大迎角时的进气效率。座舱内有多种显示设备,包括1个广角抬头显示器、2个低头彩色平板多功能显示器和1个显示基本战术资料的显示器。起落架为前三点式,可液压收放在机体内部。

基本参数	
制造商	达索公司
机身长度	15.27 米
机身高度	5.34 米
翼展	10.8 米
乘员	1~2 人
空重	9500 千克
最大起飞重量	24500 千克
最大航程	3700 千米
最大速度	2130 千米 / 时
最大升限	16800 米

机型特点

　　"阵风"可以在昼夜以及各种气象条件下完成从对地攻击到争夺空中优势的各类任务,其机动性能和敏捷性能好,可短距起降,并具有超视距作战能力和一定的隐身性能,其总体性能介于第三代战斗机和第四代战斗机之间。

法国"幻影Ⅲ"战斗机

"幻影Ⅲ"是由法国达索公司研制的一款单座单发战斗机。

性能解析

　　"幻影Ⅲ"最初被设计成截击机，但随后就发展成兼具对地攻击和高空侦察的多用途战机，为无尾翼三角翼单发设计，主要武器包括2门固定30毫米机炮及7个外挂点。挂载的武器除了4枚空对空导弹以外，通常是炸弹、空对地导弹或是空对舰导弹等。与同期其他2马赫战斗机相比，"幻影Ⅲ"具有操作简单、维护方便的优点。在1967年爆发的中东战争中，以色列装备的"幻影Ⅲ"曾创下单日12次出击的惊人纪录，每次落地挂弹、加油再升空的时间从一般的20分钟减至7分钟。

基本参数	
制造商	达索公司
机身长度	15米
机身高度	4.5米
翼展	8.22米
乘员	1人
空重	7050千克
最大起飞重量	13500千克
最大航程	2400千米
最大速度	2350千米/时
最大升限	17000米

机型特点

　　法国幻影战斗机家族从"幻影Ⅲ"开始，先后发展出了幻影5/50，幻影F1，幻影2000，幻影4000等系列，这些战斗机中除了幻影F1采用了正常布局外，其他无一例外都采用了无尾三角翼布局，这种布局对法国乃至对幻影系列飞机输出国后期的战斗机设计风格产生了重大的影响。在这些战斗机中，幻影Ⅲ/5/50系列是产量最大也是分布最广的战斗机型号之一。

法国"幻影F1"战斗机

"幻影F1"是由法国达索公司研制的一款空中优势战斗机。

性能解析

　　"幻影F1"的性能非常适合担任低空低速下的地面支援任务。但当时法国空军已经装备的"幻影Ⅲ E"和"美洲虎A"都已经能够满足需求，所以法国空军首批订购的35架"幻影F1"转而承担空中截击和夺取空中优势的任务，并为此进行了一些改进。"幻影F1"的武装包括2门30毫米机炮，其翼尖可携带2枚"魔术"红外制导空对空导弹，翼下的4个挂架可挂载R530空对空导弹。在执行对地攻击任务时，可在翼下的4个挂架和机身挂架上挂载各种常规炸弹火箭发射器和1200升的副油箱。

基本参数	
制造商	达索公司
机身长度	15.3 米
机身高度	4.5 米
翼展	8.4 米
乘员	1~2 人
空重	7400 千克
最大起飞重量	16200 千克
最大航程	2338 千米
最大速度	3300 千米 / 时
最大升限	20000 米

机型特点

　　在当时国家预算紧张的情况下，"幻影F1"是法国空军唯一的不会对预算造成过大压力的而又能提供现代化战斗机的选择。幻影F1A是对地攻击型，简化了设备，增加了机内燃油和空中受油管，安装了导航和轰炸瞄准设备，两门30毫米"德发"机炮，可携带炸弹和导弹。幻影F1B双座教练机于1976年5月26日首次试飞，装有与F1C相同的雷达，武器系统和空对空导弹，前机身延长了30厘米，去掉了机炮，机内燃油减少了450升。

法国"幻影2000"战斗机

"幻影2000"是法国达索公司研制的一款多用途战斗机。

性能解析

"幻影2000"重新启用了"幻影Ⅲ"的无尾三角翼气动布局，以发挥三角翼超音速阻力小、结构重量轻、刚性好、大迎角时的抖振小和内部空间大以及贮油多的优点。但在技术发展的条件下，解决了无尾布局的一些局限。主要措施为采用了电传操纵、放宽静稳定度、复合材料等先进技术，弥补了该布局的局限。进气道旁靠近机翼前缘处有小边条，边条有明显的上反角。该机共有9个武器外挂点，其中5个在机身下，4个在机翼下。各单座型号还装有2门德发公司的30毫米机炮。

基本参数	
制造商	达索公司
机身长度	14.36 米
机身高度	5.2 米
翼展	9.13 米
乘员	1 人
空重	16350 千克
最大起飞重量	17000 千克
最大航程	3335 千米
最大速度	2530 千米 / 时
最大升限	17060 米

机型特点

"幻影2000"由法国自主设计，是法国第一种第四代战斗机，也是第四代战斗机中唯一采用不带前翼的三角翼飞机，这是一种独树一帜的设计。法国在战斗机研制方面独树一帜的做法不仅体现在"幻影2000"飞机上，而且体现在整个幻影系列飞机的形成和发展之中。"幻影2000"的基本型是空中优势战斗机2000C型，可执行全天候、全高度/全方位、远程拦截任务；20世纪80年代发展了2000B双座教练型和2000N对地攻击型，90年代研制了空战能力明显提高的2000-5型，改型超过20种。

法国"超军旗"攻击机

"超军旗"是由法国达索公司研制的一款舰载攻击机。

性能解析

　　"超军旗"采用45°后掠角中单翼设计，翼尖可以折起，机身呈蜂腰状，立尾面积较大，后掠式平尾装在立尾中部。该机装有2门30毫米的"德发"机炮，机身挂架可挂250千克炸弹，翼下4个挂架每个可携400千克炸弹，右侧机翼可挂1枚AM–39"飞鱼"空对舰导弹，还可挂R.550"魔术"空对空导弹或火箭弹等武器。该机的动力装置1台非加力型8K–50涡喷发动机，额定推力49千牛。

基本参数	
制造商	达索公司
机身长度	14.31 米
机身高度	3.85 米
翼展	9.6 米
乘员	1 人
空重	6460 千克
最大起飞重量	11500 千克
最大速度	1180 千米 / 时
最大航程	3400 千米
最大升限	13700 米

机型特点

　　第一支"超军旗"舰载机部队于1979年1月进入法国海军，在"克莱蒙梭"号航空母舰上服役，成为20世纪80年代后期法国海军航空母舰上服役的唯一固定翼攻击机。"超军旗"承担起了舰队防空、反舰、攻击地面目标和照相侦察任务。

法国"神秘"战斗机

"神秘"战斗机从 20 世纪 40 年代开始跨进了喷气时代的大门。

性能解析

法国达索公司在 20 世纪 50 年代初研发了著名的"神秘"系列后掠翼单座单发轻型喷气战斗机的第一个型号——"神秘"Ⅰ。"神秘"Ⅰ的原型机试飞于 1951 年 2 月 23 日。"神秘"ⅣA 改用更加后掠、厚度更薄的高速机翼，1 具小型射击火控雷达装在机头进气口竖隔墙中央的尖锥体内。机头下安装了 2 门 30 毫米机炮，翼下 4 个挂架可挂 4 颗 225 千克炸弹或 4 具 19 孔

基本参数	
制造商	达索公司
机身长度	11.7 米
机身高度	4.26 米
翼展	13.1 米
空重	5225 千克
最大起飞重量	7475 千克
最大速度	1060 千米 / 时
爬升率	23 米 / 秒

37 毫米火箭发射巢或副油箱，是昼间用的战斗轰炸机改型。"神秘"ⅣB 是单座全天候战斗机。后机身因发动机换型而重新设计，机头进气口上方的突唇内装了雷达天线，与"神秘"ⅣA 安装的型号不一样。"神秘"ⅣN 是ⅣB 的改型，属于双座夜间战斗机。

机型特点

"神秘"战斗机沿用了"暴风雨"战斗机的机身，但是为了安装机翼中部做了一些改动，机翼的后掠角从暴风雨的 14°增大到 30°，机翼的相对厚度也要比原来的小。用"渐改法"逐步完善性能和发展出各种用途，以满足不同的作战要求，是"神秘"战斗机所走过的成功之路。

德国 Me 262 "雨燕" 战斗机

Me 262 "雨燕" 是世界上第一种投入实战的喷气式飞机。

性能解析

Me 262 是一种全金属半硬壳结构轻型飞机，流线型机身有一个三角形的断面，机头集中装备 4 门 30 毫米机炮和照相枪。半水泡形座舱盖在机身中部，可向右打开。前挡风玻璃厚 90 毫米，椅靠背铺设有 15 毫米钢板，均具备防弹能力。近三角形的尾翼呈十字相交于尾部，2 台轴流式涡轮喷气发动机的短舱直接安装在后掠的下单翼的下方，前三点起落架可收入机内。作为新型动力装置，Me 262 采用的是容克公司的尤莫 109–004 型发动机，油耗 1650 千克 / 时。

基本参数	
制造商	梅塞施密特公司
机身长度	10.6 米
机身高度	3.5 米
翼展	12.51 米
乘员	1 人
空重	3800 千克
最大起飞重量	6400 千克
最大航程	1050 千米
最大速度	870 千米 / 时
最大升限	11450 米

机型特点

Me 262 那呼啸着的喷气式发动机和后掠式机翼显示了战斗机发展的新方向，同时也揭开了空战史上新的一页。虽然 Me 262 被视作深陷绝境的纳粹德国空军施展的最后绝招，而且其生产能力远远达不到扭转战局的需求，但不到一年的实战过程却证明了它不愧为一种强大的作战飞机。

瑞典 JAS-39 "鹰狮" 战斗机

JAS-39 "鹰狮" 是由瑞典萨博公司研制的一款单座全天候战斗机。

性能解析

JAS-39 采用鸭翼型（前翼）与三角翼组合而成的近距耦合鸭式布局，机身广泛采用复合材料。主翼为切尖三角翼带前缘襟翼和前缘锯齿，全动前翼位于矩形涵道的两侧，无水平尾翼。机翼和前翼的前缘后掠角分别为 45°和43°，优秀的气动性能使其能在所有高度上实现超音速飞行，并具备较强的短距起降能力。该机的座舱盖为水滴状，单片式曲面挡风玻璃。座椅向后倾斜28°，类似美制 F-16。JAS-39 可使用的武器除固定的 27 毫米机炮外，机身 7 个外挂点还可以挂载 AIM-9 导弹、Rb-47 导弹、"魔术" 导弹和 AIM-120 导弹等各种机载武器。

基本参数	
制造商	萨博公司
机身长度	14.1 米
机身高度	4.5 米
翼展	8.4 米
乘员	1 人
空重	6620 千克
最大起飞重量	14000 千克
最大航程	3200 千米
最大速度	2204 千米 / 时
最大升限	15240 米

机型特点

JAS-39 战斗机是一款集战斗、攻击、侦察兼具的多功能战斗机。根据机体的大小，JAS-39 被划分为轻型战斗机。这种轻型单发的设计方案的直接优势是减少了飞机的生产成本，出厂成本只有台风战斗机或阵风战斗机的 1/ 3，但仍然具有良好的机动性和较小的雷达截面。JAS-39 战斗机一直以低成本作为发展策略，相对于其他新一代战机有明显的价格优势。

印度"光辉"战斗机

"光辉"是由印度斯坦航空公司研发的一款轻型战斗机。

性能解析

　　"光辉"战斗机大量采用了先进的复合材料，这不但有效地降低了飞机的自重和成本，而且加强了飞机在近距缠斗中对高过载的承受能力。机体复合材料、机载电子设备以及相应软件都具有抗雷击能力，这使得"光辉"能够实施全天候作战。此外，该机还具备一定的隐身性能。"光辉"的外形并没有采用隐身设计，由于"光辉"机体极小，且大量采用复合材料，进气道的Y形设计遮挡住涡轮叶片的因素使得"光辉"拥有了所谓的"隐身性能"。值得一提的是"光辉"配有空中受油装置，一定程度上提高了续航力。

基本参数	
制造商	斯坦航空公司
机身长度	13.2 米
机身高度	4.4 米
翼展	8.2 米
乘员	1 人
空重	6500 千克
最大起飞重量	13300 千克
最大航程	3000 千米
最大速度	1920 千米 / 时
最大升限	15250 米

机型特点

　　目前，还没有信息透露"光辉"战斗机是否在气动布局方面有所改进或完成某些技术升级。一方面，"光辉"布局存在的根本不足需要依靠技术攻关来解决；另一方面，要想让"光辉"迈上一个新台阶，凭借长期的合作关系，印度可向法国学习经验。当然，气动布局对于"光辉"的整体效能影响是次要的，关键还要看发动机技术是否过关。

以色列"幼狮"战斗机

"幼狮"是由以色列航太工业有限公司研制的一款单座单发战斗机。

性能解析

　　"幼狮"战斗机的机身采用全金属半硬壳结构，前机身横截面的底部比"幻影Ⅴ"更宽更平。机头锥用以色列国产的复合材料制成。"幼狮"C2 型在机头锥靠近尖端的两侧各装有 1 小块水平边条，这个边条可以有效改善偏航时的机动性能和大迎角时机头上的气流。前机身下的前轮舱的前方装有超高频天线。在 C2 型的后期生产批次中，改用了性能更加先进的EL/ M-2001B 雷达，因此机头加长，前翼也加大，主翼前襟翼的翼展增加 40%。C7 是该系列最后一种单座型号，生产时均用 C2 进行改装。

基本参数	
制造商	航太工业有限公司
机身长度	15.65 米
机身高度	4.55 米
翼展	8.22 米
乘员	1 人
空重	7285 千克
最大起飞重量	16200 千克
最大航程	3232 千米
最大速度	2440 千米 / 时
最大升限	17680 米

机型特点

　　在贝卡谷地一役中，"幼狮"战斗机与 F-15、F-16 组成了攻击编队。"幼狮"因性能较差主要担任对地攻击任务，携带 CBU-58 集束炸弹等摧毁了大量叙利亚防空导弹系统。C7 型号采用性能更好的马丁·贝克 MKIL10P 零零弹射座椅，并增加了 2 个外挂点，具有了使用精确制导武器的能力。该机采用埃尔塔 EM/ L-2021B 脉冲多普勒火控雷达，座舱经过重新布局，增加空中加油能力。最大起飞重量增大了 1540 千克，航程也增大了。

日本 F-1 战斗机

F-1 是由日本在二战之后设计的第一种战斗机。

性能解析

F-1 战斗机装有 1 门 20 毫米 JM61A1 机炮，另有 5 个外挂点，可挂载副油箱、炸弹、火箭、导弹等，总载弹量为 2710 千克。动力装置为 2 台 TF40-I HI-801A 涡扇发动机，单台推力为 3200 千牛。F-1 战斗机典型的作战任务为携带 2 枚 ASM-1 反舰导弹及 1 个 830 千克副油箱时，以高—低—低—高剖面进行反舰任务，作战半径为 550 千米。如使用低—低剖面，半径减少为约 370 千米。所有任务中通常在翼尖挂架上挂 2 枚 AIM-9 导弹。

基本参数	
制造商	三菱、富士
机身长度	17.85 米
机身高度	4.45 米
翼展	7.88 米
乘员	1 人
空重	6358 千克
最大起飞重量	13700 千克
最大速度	1700 千米/时
最大航程	2870 千米
最大升限	15240 米

机型特点

F-1 战斗机是日本由其 T-2 教练机发展而来的战斗/攻击机，是日本第一款自制的超音速战斗机，因此也被称作"超音速零战"。它用于代替 F-86 攻击海面舰船和执行近距支援及战区制空等任务。所有 F-1 战斗机于 2006 年 3 月 9 日全部退役，该机服役期间从未参与执行过实战任务。

日本 F-2 战斗机

F-2 是由日本三菱重工与美国洛克希德合作研制的一款战斗机。

性能解析

　　由于 F-2 战斗机是以美国 F-16C/D 战斗机为蓝本设计的，所以其动力设计、外形和搭载武器等方面都吸取了不少 F-16 的优点。但为了突出日本国土防空的特点，该机又进行了多处改进，其中包括：采用先进的材料和构造技术，使 F-2 机身前部加长，从而能够搭载更多航空电子设备。配有全自动驾驶系统，机翼大量采用吸波材料以降低雷达探测特征等。

机型特点

　　按照日本防卫厅的要求，研制 F-2 战斗机

基本参数	
制造商	三菱重工与美国洛克希德
机身长度	15.52 米
机身高度	4.96 米
翼展	11.13 米
乘员	1~2 人
空重	9527 千克
最大起飞重量	18100 千克
作战半径	834 千米
最大速度	2469 千米 / 时
最大升限	18000 米

主要是为了打击海上目标，以达到歼敌于海上的目的。这就决定了 F-2 在武器配备上要以反舰作战为主，在性能上要突出其航程和载荷能力。尽管 F-2 以对海作战为主，但其空战能力也不弱，具有较好的近距格斗性能和超视距作战能力。

Chapter 07
军用直升机

　　直升机的突出特点是可以进行低空（离地面数米）、低速（从悬停开始）和机头方向不变的机动飞行，特别是可在小面积场地垂直起降。这些特点使其具有广阔的用途及发展前景。在军用方面直升机已广泛应用于对地攻击、机降登陆、武器运送、后勤支援、战场救护、侦察巡逻、指挥控制、通信联络、反潜扫雷、电子对抗等。

美国 UH-1"伊洛魁"通用直升机

UH-1"伊洛魁"是由贝尔直升机公司研发的一款通用直升机。

性能解析

UH-1 采用单旋翼带尾桨形式，扁圆截面的机身前部是一个座舱，可乘坐正、副飞行员（并列）及乘客多人，后机身上部是 1 台莱卡明 T53 系列涡轮轴发动机及其减速传动箱，驱动直升机上方的由 2 枚桨叶组成的半刚性跷跷板式主旋翼。UH-1 的起落架是十分简洁的 2 根杆状滑橇。机身左右开有大尺寸舱门，便于人员及货物的上下。该机的常见武器为 2 挺 7.62 毫米 M60 机枪，加上 2 具 7 发（或 19 发）91.67 毫米火箭吊舱。

基本参数	
制造商	贝尔公司
机身长度	17.4 米
机身高度	4.4 米
旋翼直径	14.6 米
乘员	4 人
空重	2365 千克
最大起飞重量	4310 千克
最大速度	220 千米 / 时
最大航程	510 千米
最大升限	5910 米

机型特点

UH-1 的改型很多，除供美国武装部队使用外，还出口到欧、亚各洲许多国家和地区，生产总数在 16000 架以上，是世界上生产数量最多的几种直升机之一。UH-1 系列直升机至 20 世纪 70 年代末仍是美国陆军突击运输直升机队的主力，从 20 世纪 80 年代开始，其地位逐渐被 UH-60 直升机代替。UH-1 系列的各种型号均已停产。

美国 SH-2 "海妖" 通用直升机

SH-2 "海妖" 是由卡曼公司为美国海军研制的一款通用直升机。

性能解析

SH-2 的机身为全金属半硬壳式结构，具备防水功能。机头整流罩可以从中线分开向后折叠到两侧，以便减小直升机存放时所需要的机库空间。该机有 3 名机组人员，由驾驶员、副驾驶员 / 战术协调员和探测设备操作员组成。SH-2 可携带 1~2 枚 Mk46 或 Mk50 鱼雷。每侧舱门外可安装 1 挺 7.62 毫米机枪。动力装置为 2 台通用电气公司的 T700-GE-401 涡轮轴发动机，并列安装在旋翼塔座两侧，单台功率为 1285 千瓦。

基本参数	
制造商	卡曼公司
机身长度	15.9 米
机身高度	4.5 米
旋翼直径	13.4 米
乘员	3 人
空重	4170 千克
最大起飞重量	6120 千克
最大速度	256 千米 / 时
最大航程	1000 千米
最大升限	3000 米

机型特点

"海妖" 可用于执行搜索求援、观察和通用任务，现在主要是支援美国舰队在地中海、大西洋和太平洋执行反潜和反舰导弹防御任务。"海妖" 原有多种型号，SH-2F、SH-2D 改进型主要执行反潜和反舰导弹防御任务，其次是搜索和救生以及观察等多种任务。

美国 SH-3 “海王” 通用直升机

SH-3 “海王” 是由西科斯基公司研制的一款双发中型通用直升机。

性能解析

“海王”在机身的顶部并列安装了 2 台 919 千瓦的 T58-GE-8B 型涡轮轴发动机，旋翼和尾桨都为 5 片。机身为矩形截面、船身造型，能够随时在海面降落。机身左、右两侧各设 1 具浮筒以增加横侧稳定性，后三点式起落架能够收入浮筒及机身尾部。舱内可以放搜索设备或人员物资，机身侧面设有大型舱门方便装载，外吊挂能力高达 3 630 千克。“海王”的任务装备非常广泛，典型的有 4 枚鱼雷、4 枚水雷或 2 枚“海鹰”反舰导弹。

基本参数	
制造商	西科斯基公司
机身长度	16.7 米
机身高度	5.13 米
旋翼直径	19 米
乘员	4 人
空重	5382 千克
最大起飞重量	10000 千克
最大速度	267 千米 / 时
最大航程	1000 千米
最大升限	4481 米

机型特点

应美国海军 1957 年新兵器系统中反潜直升机项目要求，SH-3 具有全天候作战能力，可载 2 名声呐员，携带声呐设备、深水炸弹和可制导鱼雷等共计 380 千克的物品，执行 4 小时以上的海上搜潜攻潜任务。大量的“海王”直升机被用作民间海上救援与搜索用机。

美国 CH-34 "乔克托人" 运输直升机

CH-34 "乔克托人" 是由美国西科斯基公司研发的运输直升机。

性能解析

CH-34 装有 4 叶旋翼和 4 叶金属尾翼，主要承担通用运输直升机的任务，可搭载 2 名机组人员和 16~18 名士兵，执行搜救任务时可容纳 8 副担架和 1 名医生。CH-34 可以加装外部吊索增大运输能力，而且还有自动稳定装置。CH-34 也作为重要人物的专机，编号为 VH-34A。

机型特点

CH-34 良好的运输能力使它在美国空军、美国陆军、海军陆战队、美国海军和美国海岸警卫队中服役多年，并有着出色的表现。

基本参数	
制造商	西科斯基公司
机身长度	17.28 米
机身高度	4.85 米
旋翼直径	17.07 米
乘员	2 人
空重	3583 千克
最大起飞重量	6350 千克
最大速度	198 千米 / 时
最大航程	293 千米
最大升限	1495 米

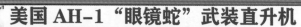
美国 AH-1 "眼镜蛇" 武装直升机

AH-1 "眼镜蛇" 是由贝尔公司研制的美国第一代武装直升机。

▌▌▶ 性能解析

　　AH-1 机身为窄体细长流线型，座舱为纵列双座布局，射手在前，驾驶员在后。AH-1 的座椅、驾驶舱两侧及重要部位都有装甲保护，自密封油箱能耐受 23 毫米机炮射击。AH-1 的主要武器为 1 门 20 毫米 M197 三管机炮（备弹 750 发），4 个武器挂载点可按不同配置方案选挂 BGM-71 "拖" 式、AIM-9 "响尾蛇" 和 AGM-114 "地狱火" 等导弹，以及不同规格的火箭发射巢和机枪吊舱等。

基本参数	
制造商	贝尔公司
机身长度	13.6 米
机身高度	4.1 米
旋翼直径	14.63 米
乘员	2 人
空重	2993 千克
最大起飞重量	4500 千克
最大速度	277 千米/时
最大航程	510 千米
最大升限	3720 米

▌▌▶ 机型特点

　　AH-1 系列型号众多、服役时间长、生产批量大，它与 AH-64 阿帕奇被列为美国及其盟国反坦克常规武器库中的主要武器。韩国陆军航空兵装备有 60～70 架，其型号可能是 AH-1S。1990 年，美国海军陆战队为了适应未来战场上更严酷多变的环境，以在各种区域冲突中更快速、有效地完成使命，遂决定以 AH-1W "超级眼镜蛇" 为基础，对配备的武装直升机进行全面性的提升，其成果即为 AH-1Z "腹蛇"。

美国 AH-6 "小鸟" 武装直升机

AH-6 "小鸟" 是由休斯直升机公司研制的一款武装直升机。

性能解析

作为一款轻型攻击平台，AH-6 机身左侧装有 XM27E/ M134 "加特林" 机枪，机身右侧装有 M260 七管 69.85 毫米折叠式尾翼空射火箭舱。AH-6 全身以无光黑色涂料涂装，方便借着黑夜的掩护执行特战任务。为了便于运输，AH-6 的尾梁可折叠。在机舱内可选装油箱，容量为 110 升或 236 升。AH-6 系列的发动机有多种不同型号，如 AH-6C 的 309 千瓦 "埃尔森" T63-A-720 发动机、AH-6M 的 478 千瓦 250-C30R/ 3M 发动机。

基本参数	
制造商	休斯直升机公司
机身长度	9.94 米
机身高度	2.48 米
旋翼直径	8.3 米
乘员	2 人
空重	722 千克
最大起飞重量	1610 千克
最大速度	282 千米 / 时
最大航程	430 千米
最大升限	5700 米

机型特点

大名鼎鼎的美军第 160 特种作战航空团主力装备之一便是 AH-6 "小鸟" 直升机。AH-6 虽然小，却用途广泛，可执行如训练、指挥和控制、侦察、轻型攻击、反潜、运兵和后勤支援等任务，空中救护型可载 2 名空勤人员、2 副担架和 2 名医护人员。在民间和军界都受到了极大的欢迎，1968 年至今已行销数十个国家。

美国 CH-46 "海骑士" 运输直升机

CH-46 "海骑士" 是由波音公司研制的一款双发运输直升机。

性能解析

　　CH-46 "海骑士" 是美国海军装备过的直升机中体形较大的一种，独特的前后纵列式螺旋桨设计大大改善了该机的飞行性能，在各个方向上的可操控性均较以往机型优秀。另外，这项设计也提高了 CH-46 的安全性能。CH-46 装有 2 台通用电气 T58-GE-16 发动机，每台功率为 1400 千瓦。该机的任务是将作战部队、支援设备和补给品迅速由两栖攻击登陆舰和已建成的机场运送到简易的前方基地。

基本参数	
制造商	波音公司
机身长度	13.66 米
机身高度	5.09 米
旋翼直径	15.24 米
乘员	5 人
空重	5255 千克
最大起飞重量	11000 千克
最大速度	267 千米 / 时
最大航程	1020 千米
最大升限	5180 米

机型特点

　　CH-46 直升机是美国海军陆战队中最主要的战斗攻击直升机之一，这种直升机外形有点像公共汽车，采用双螺旋桨，海军陆战队主要用它把部队从舰上运到岸上，或把部队从营地运到作战前沿位置。而美国海军则用这种直升机把装备运到舰上或执行搜索与救援任务。虽然 CH-46 并不是特种作战飞机但经常执行一些特种行动。

美国 CH-47 "支奴干" 运输直升机

CH-47 "支奴干"是由波音公司研制的一款双发中型运输直升机。

性能解析

CH-47 具有全天候飞行能力，可在恶劣的高温、高原气候条件下完成任务。可进行空中加油，具有远程支援能力。部分型号机身上半部分为水密隔舱式，可在水上起降。该机运输能力强，可运载 33~35 名武装士兵或 1 个炮兵排，还可吊运火炮等大型装备。CH-47 的玻璃钢桨叶即使被 23 毫米穿甲燃烧弹和高炮燃烧弹射中后，仍能安全返回基地。

基本参数	
制造商	波音公司
机身长度	30.1 米
机身高度	5.7 米
旋翼直径	18.3 米
乘员	3 人
空重	10185 千克
最大起飞重量	22680 千克
最大速度	315 千米 / 时
最大航程	741 千米
最大升限	5640 米

机型特点

CH-47 直升机一直是美国特种部队和常规陆军部队频繁使用的运输工具，但是，目前的支奴干直升机已经老化，维护与使用开支不断增加。因此，美国陆军启动了 CH-47F 改进型直升机升级计划，这可以使老化的 CH-47 直升机的寿命再延长 20 年。

美国 CH-53 "海上种马" 运输直升机

CH-53 "海上种马" 是由西科斯基公司研制的双发重型突击运输直升机。

性能解析

CH-53 采用 2 台通用电气 T64-GE-413 涡轴发动机，单台推力 2887 千瓦。单一主旋翼加尾桨的普通布局，机舱呈长立方体形状，剖面为方形，有多个侧门和一个大型放倒尾门方便装卸工作。旋翼有 6 片全铰接式铝合金桨叶，可以折叠。尾桨由 4 片铝合金桨叶组成。驾驶舱可容纳 3 名空勤人员，座舱可容纳 37 名全副武装士兵或 24 副担架，外加 4 名医务人员。CH-53 是美军少数能在低能见度条件下借助机上设备在标准军用基地自行起降的直升机之一。

基本参数	
制造商	西科斯基公司
机身长度	26.97 米
机身高度	7.6 米
旋翼直径	22.01 米
乘员	2 人
空重	10740 千克
最大起飞重量	19100 千克
最大速度	315 千米/时
最大航程	1000 千米
最大升限	5106 米

机型特点

CH-53 "海上种马" 中型运输直升机是美国海军直升机部队的重要组成部分，承担大量的两栖运输任务，是美军少数能在低能见度条件下借助机上设备在标准军用基地自行起降的直升机之一。

美国 CH-54 "塔赫" 起重直升机

CH-54 "塔赫" 是由西科斯基公司研制的双发单桨起重直升机。

性能解析

　　CH-54 采用全铰接式 6 片铝合金桨叶旋翼，尾桨由 4 片铝合金桨叶组成。机身为铝合金和钢制成的半硬壳吊舱尾梁式结构。机身在驾驶舱后面部分沿用可卸吊舱形式。CH-54 采用不可收放的前三点式起落架。为装卸货物方便，起落架可通过液压操纵伸长或缩短。前驾驶舱内有 2 个并排的正、副驾驶员的座椅，后座舱内有操纵货物装卸的第 3 个驾驶员的座椅。CH-54B 型采用 2 台普惠 JFD-12-5A 涡轴发动机，单台功率为 3530 千瓦。

基本参数	
制造商	西科斯基公司
机身长度	26.97 米
机身高度	7.75 米
旋翼直径	21.95 米
乘员	3 人
空重	8980 千克
最大起飞重量	21000 千克
最大速度	240 千米 / 时
最大航程	370 千米
最大升限	5600 米

机型特点

　　CH-54 用来运输战斗人员、装甲车辆、大型设备和用于回收那些因过于沉重而使用 CH-47 不能运载的飞机。它也用于从船上向岸上卸货。CH-54 还被用于投掷重达 4536 千克的巨型炸弹，以在浓密的丛林中开辟直升机着陆场。在越南战场上，CH-54 运送过许多重型装备，并回收了 380 架损坏的飞机。其可靠性非常高，很少有操作失误。

美国 OH-58 "奇欧瓦" 轻型直升机

OH-58 "奇欧瓦"（Kiowa）是由贝尔直升机公司研制的轻型直升机。

性能解析

OH-58 装有滑橇式起落架，舱内有加温和通风设备。OH-58D 改用了 4 叶复合材料主旋翼，机动性有所增强，振动减小，可操控性提高。OH-58D 可以同时搭载下列 4 种武器中的 2 种：2 发 AGM-114 导弹、2 发 AIM-92 导弹、70 毫米 Hydra70 火箭、12.7 毫米 M2 重机枪。此外，OH-58D 机身两侧还有全球直升机通用挂架（UWP）。OH-58D 还装有桅顶瞄准具，能提供非常好的视界。

基本参数	
制造商	贝尔直升机公司
机身长度	12.39 米
机身高度	2.29 米
旋翼直径	10.67 米
乘员	2 人
空重	1490 千克
最大起飞重量	2358 千克
最大速度	222 千米 / 时
最大航程	556 千米
最大升限	6250 米

机型特点

OH-58 直升机是一个直升机家族，采用单引擎单旋翼，可以有观测和部分攻击能力。由贝尔直升机公司根据贝尔 206A 喷射骑士改装生产。OH-58 从 1968 年就开始在美军服役。最新的机型是 OH-58D "奇奥瓦战士"，主要担任为陆军支援的侦察角色。

美国 UH-60 "黑鹰" 通用直升机

UH-60 "黑鹰" 是西科斯基公司研制的一款通用直升机。

性能解析

与 UH-1 相比，UH-60 大幅提升了部队容量和货物运送能力。在大部分天气情况下，3 名机组成员中的任何一个都可以操纵飞机运送全副武装的 11 人步兵班。拆除 8 个座位后，可以运送 4 个担架。此外，还有 1 个货运挂钩可以执行外部吊运任务。UH-60 通常装有 2 挺机枪，1 具 19 联装 70 毫米火箭发射巢，还可发射 AGM-119 "企鹅" 反舰导弹和 AGM-114 "地狱火" 空对地导弹。

基本参数	
制造商	西科斯基公司
机身长度	19.76 米
机身高度	5.13 米
旋翼直径	16.36 米
乘员	2 人
空重	4819 千克
最大起飞重量	11113 千克
最大速度	357 千米 / 时
最大航程	2220 千米
最大升限	5790 米

机型特点

UH-60 系列直升机可以完成多种不同任务，包括：战术人员运输、电子战和空中救援，几架 UH-60 "黑鹰" 甚至被用作美国总统座机海军陆战队一号。在执行空中突袭任务时，UH-60 可以装载 11 名士兵和相应装备，或者一次同时装载 1 具 105 毫米 M102 榴弹炮、30 发 105 毫米弹药和 4 名炮手。在运送物资时，UH-60 可以装载 1170 千克货物，或吊起 4050 千克货物。UH-60 上装备有先进的航空电子系统以增强它的战地生存能力和性能。

美国 SH-60 "海鹰" 中型直升机

SH-60 "海鹰" 是由美国西科斯基公司研制的中型直升机。

性能解析

　　SH-60 与 UH-60 有 83% 的零部件是通用的。由于海上作战的特殊性，"海鹰"的改进比较大，机身蒙皮经过特殊处理，以适应海水的腐蚀。此外，还增加了旋翼刹车系统和旋翼自动折叠系统，直升机尾部的水平尾翼也可以折叠。"海鹰"的主要反潜武器为 2 枚 MK46 声自导鱼雷，但在执行搜索任务时，可以将这 2 枚鱼雷换成 2 个容量为 455 升的副油箱。该机使用 T700-GE-401 发动机，后期又提供了新型 T700-GE-401C 发动机。

基本参数	
制造商	西科斯基公司
机身长度	19.75 米
机身高度	5.2 米
旋翼直径	16.35 米
乘员	4 人
空重	6895 千克
最大起飞重量	9927 千克
最大速度	333 千米/时
最大航程	834 千米
最大升限	3580 米

机型特点

　　SH-60 "海鹰"是 UH-60 "黑鹰"的改型，它可以部署在具有航空机操作甲板的航空母舰、驱逐舰、护卫舰、两栖舰等海军舰艇上；SH-60 可以执行反潜战、反水面战、海军特种作战、搜索和救援、战斗搜索与救援、垂直补给以及医疗运送等任务，大大增强了海军舰艇的作战能力。除美国海军使用外，SH-60 还外销日本、澳大利亚、希腊和中国台湾等 10 余个国家和地区，总制造数量为几千架，是世界上使用最广泛的海军舰载直升机之一。

美国 AH-64 "阿帕奇" 武装直升机

AH-64 "阿帕奇" 是由休斯直升机公司研发的双座武装直升机。

性能解析

AH-64 采用半硬壳结构机身，前方为纵列式座舱，副驾驶员 / 炮手在前座，驾驶员在后座。该机的主要武器为 1 门 30 毫米 M230 "大毒蛇" 链式机关炮，另有 4 个武器挂载点可挂载 AGM-114、AIM-92、AGM-122、AIM-9、BGM-71 等导弹，以及火箭弹等武器。AH-64 旋翼的任何部分都可抵御 12.7 毫米子弹，机身表面的大部分位置在被 1 发 23 毫米炮弹击中后，都能保证继续飞行 30 分钟。AH-64 采用 2 台通用动力 T700-GE-701 发动机，单台功率 1265 千瓦。

基本参数	
制造商	休斯直升机公司
机身长度	17.73 米
机身高度	3.87 米
旋翼直径	14.63 米
乘员	2 人
空重	5165 千克
最大起飞重量	10433 千克
最大速度	293 千米 / 时
最大航程	1900 千米
最大升限	6400 米

机型特点

在海湾战争中，AH-64 武装直升机用其实际行动证明，美国陆军航空兵足以应付当前世界上所有的装甲威胁，高强度的训练辅以战场上的制空权，以及对自己装备的绝对信任，美国陆军航空兵自认为他们就是战场的主宰者。而未来的战场的主导者则属于 AH-64D，该机具有绝对的战场控制能力。

美国 RAH-66 "科曼奇"武装直升机

RAH-66 "科曼奇"是由波音与西科斯基合作研制的一款武装直升机。其性能先进,但未能量产。

性能解析

"科曼奇"最突出的优点是采用了直升机中前所未有的全面隐身设计,如机身采用了多面体圆滑边角设计,减少直角反射面。"科曼奇"装有 20 毫米 XM301 双管机炮,短翼能用不同的组合方式携带重量为 864 千克的武器载荷。"科曼奇"能够承受 23 毫米炮弹直接命中,并能承受 12.8 米 / 秒的速度垂直坠地。该机采用 2 台 T800-LHT-800 涡轮轴发动机,每台最大功率为 1149 千瓦。

基本参数	
制造商	波音、西科斯基
机身长度	14.28 米
机身高度	3.37 米
旋翼直径	11.9 米
乘员	2 人
空重	3942 千克
最大起飞重量	7790 千克
最大速度	324 千米 / 时
最大航程	485 千米
最大升限	4566 米

机型特点

RAH-66 "科曼奇"原计划于 1995 年 8 月首次飞行,2001 年交付使用,之后将成为美国陆军的主力机种,执行武装侦察、反坦克和空战等任务。如果加入美军服役,它将会是美军直升机之中首架设计专为全天候武装侦察任务与匿踪直升机,然而该计划却在 2004 年 2 月的时候中止。

美国 ARH-70 "阿拉帕霍" 武装侦察直升机

ARH-70 "阿拉帕霍" 是由贝尔公司研制的一款武装侦察直升机。

性能解析

ARH-70 采用了单旋翼带尾桨式布局，旋翼采用 4 片全复合材料桨叶，尾桨位于尾梁末端左侧，采用了 2 片桨叶。ARH-70 装有 1 挺 7.62 毫米 GAU-17 或 12.7 毫米 GAU-19 机枪，机身两侧各装有 1 个悬臂式武器挂架，可以根据作战需要挂载各种轻型武器，如 7 联装 70 毫米火箭发射巢，双联装 "海尔法" 导弹发射架，双联装 "毒刺" 导弹发射架等。ARH-70 装有 1 台霍尼韦尔 HTS900 涡轮轴发动机，功率为 723 千瓦。

基本参数	
制造商	贝尔公司
机身长度	10.57 米
机身高度	3.56 米
旋翼直径	10.67 米
乘员	2 人
空重	1178 千克
最大起飞重量	2268 千克
最大速度	259 千米 / 时
最大航程	362 千米
最大升限	6096 米

机型特点

ARH-70 是美国陆军在 RAH-66 先进武装直升机项目被取消的背景下提出的一种低成本武装侦察直升机，为填补 OH-58D 等侦察直升机不断老化而造成的空缺。由于贝尔 407 和 OH-58D 都是从贝尔 206 直升机衍生发展而来。因此 ARH-70 在总体构型方面与 OH-58D 有些相似。但在局部细节和尺寸上还是有所差异，其提高了飞行性能，增大了可用空间，特别是可靠性提高了 18 倍。

美国 MH-68A 近程武装拦阻直升机

MH-68A 是由阿古斯塔公司为美国海岸警卫队研发的近程武装拦阻直升机。

性能解析

MH-68A 直升机装有先进的雷达和前视红外探测器，以及可透视夜暗的夜视仪。武器装备包括用于警告射击和自卫的 M16 步枪和 7.62 毫米 M240 机枪，用于使疑似目标船只失去动力的 12.7 毫米精准机枪。12.7 毫米精准机枪装有 RC50 激光瞄具。该直升机配备 2 台 P&W 加拿大 PW206C 发动机，单台最大功率为 588 千瓦。

基本参数	
制造商	阿古斯塔公司
机身长度	13.5 米
机身高度	3.3 米
旋翼直径	11 米
乘员	3 人
空重	1415 千克
最大起飞重量	3000 千克
最大速度	305 千米 / 时
最大航程	565 千米

机型特点

在美国海岸警卫队执行任务时，一旦锁定一艘高速走私快艇，MH-68A 直升机就能即刻从甲板起飞，而后进入拦截位置。MH-68A 任务已扩展到执行缉毒、反恐等一线巡逻的国土安全领域。

美国 UH-72 "勒科塔" 通用直升机

UH-72 "勒科塔" 是由欧洲直升机公司研制的一款通用直升机。

性能解析

UH-72 具有优异的高海拔 / 高温性能，机舱布局也比较合理。在执行医疗救护任务时，机舱内同时可容纳 2 副担架和 2 名医疗人员，由于舱门较大，躺着伤员的北约标准担架可以方便进出机舱。在执行人员运输任务时，机舱内可容纳不少于 6 名全副武装的士兵。另外，机载无线电也是 UH-72 的一大突出优势。该机机载无线电设备工作频带不仅涵盖国际民航组织规定的通信频率，可以与各国民航部门进行通信，还能够与军事、执法、消防和护林等单位进行联系。

基本参数	
制造商	欧洲直升机公司
机身长度	13.03 米
机身高度	3.45 米
旋翼直径	11 米
乘员	2 人
空重	1792 千克
最大起飞重量	3585 千克
最大速度	269 千米 / 时
最大航程	685 千米
最大升限	5791 米

机型特点

UH-72 是军用版的欧洲 EC145 型通用直升机。UH-72 目前没有被批准用于作战任务，而是用于在一些任务上替换如 UH-60 等作战直升机，如和平时期的医疗后送任务，以及轻型运输任务等。2012 年，美国陆军向 EADS 公司授出 1 份 1.82 亿美元的采购合同，再次采购 34 架 UH-72 "勒科塔" 直升机。

美国 S-97 "侵袭者" 武装直升机

S-97 "侵袭者" 是由西科斯基公司研制的新型武装直升机，在直升机领域具有划时代意义。

性能解析

据英国飞行国际网站 2014 年 6 月 16 日报道，西科斯基公司成功完成 S-97 高速旋翼机原型机的启动。西科斯基公司称，实现 S-97 的启动意味着驾驶舱显示器和控制显示单元已成功集成到了原型机上。2015 年 2 月 3 日，美国西科斯基公司开始对 S-97 高速旋翼机原型机进行地面测

基本参数	
制造商	西科斯基公司
机身长度	11 米
乘员	2 人
最大起飞重量	4990 千克
最大速度	444 千米 / 时
最大航程	570 千米
最大升限	3048 米

试，主要测试该机的动力系统。对于具有划时代意义的 S-97 高速旋翼机而言，这又是一个新的里程碑。

机型特点

S-97 最大限度地保留了直升机的优点，还弥补了直升机的先天缺陷，在飞行速度、安静性等方面大幅超越了传统的军用直升机，并具备火力打击和运兵双重能力。S-97 采用共轴对转双螺旋桨加尾部推进桨的全新设计，能以超过 370 千米 / 时的速度巡航，执行突击任务时其速度能进一步提升到 400 千米 / 时以上。S-97 另类的尾桨设计能够确保直升机具备非常出色的静音性能，打破了以往直升机无法进行有效偷袭行动的局面。

美国 VH-71 "茶隼" 总统直升机

VH-71 "茶隼" 是 21 世纪初期研制的新一代美国总统专机。

性能解析

　　VH-71 采用了各种无可比拟的"空中办公室"技术，确保美国总统可以在直升机上随时与世界各地保持联系。作为总统短途旅行的"空中白宫"，客舱环境的宽敞舒适自不必说。考虑到美国总统处于危险情况下生死攸关，VH-71 还具备更加安全的机舱环境，如防撞的自密封油箱连接、分散连接的电缆等可以避免坠毁时产生火花，同时机身可以屏蔽电磁脉冲，起落架可以吸收垂直冲击。VH-71 还装备了曳光诱饵投放器、导弹告警接收机、红外线干扰机等设备。

基本参数	
制造商	阿古斯塔·韦斯特兰公司
机身长度	22.81 米
机身高度	6.65 米
旋翼直径	18.59 米
乘员	4 人
空重	10500 千克
最大起飞重量	15600 千克
最大速度	309 千米 / 时
最大航程	1389 千米
最大升限	4575 米

机型特点

　　VH-71 直升机机舱布局包括盥洗室和厨房设备在内，并且安装了先进的声音处理设备，因此 VH-71 将带给美国总统一个平稳舒适、适于交谈的办公环境，并且还延长了电子设备和办公系统的寿命。

俄罗斯米-4"猎犬"通用直升机

米-4"猎犬"是由米里设计局（现为米里莫斯科直升机制造厂）设计的一款通用直升机。

性能解析

米-4的驾驶舱位于机头前上部，2人机组，2人均可独立完成飞行操纵。基本军用型可载14名士兵或1600千克货物，如吉普车或76毫米反坦克炮等。该型机身下面有领航员吊舱，机身后部有两扇蛤壳式货舱门。近距支援型在吊舱前方装有机炮和空对地火箭。反潜型在机头下装有搜索雷达，机身后部装有拖曳式磁场异常探测器。机身两侧，主起落架前装有照明弹、标志弹或声呐浮标。

基本参数	
制造商	米里设计局
机身长度	20.02米
机身高度	4.4米
旋翼直径	21米
乘员	2人
空重	5121千克
最大起飞重量	7600千克
最大速度	210千米/时
最大航程	520千米
最大升限	5500米

机型特点

米-4"猎犬"是由苏联研制发展的一款活塞式运输直升机，该机为常规布局，4叶主旋桨安装在机身中部的上方，活塞式发动机安装在机鼻部位，后面是乘员舱，驾驶舱在机鼻后上方。1952年，米-4的量产型进入部队服役，取代了米-1，而米-4第一次被世界所知是在1952年图西诺举行的苏联航空节上。

俄罗斯米-6"吊钩"运输直升机

米-6"吊钩"是由苏联米里设计局设计的一款重型运输直升机。

性能解析

米-6的机身为普通全金属半硬壳式短舱和尾梁式结构，旋翼有5片桨叶，尾桨有4片桨叶。机组乘员由正、副驾驶员，领航员，随机机械师和无线电报务员5人组成。为便于装卸货物和车辆，座舱两侧的座椅是可折叠的，在座舱内装有承载能力为800千克的电动绞车和滑轮组。用作客运时，在座舱中央增设附加座椅，可运载65~90名旅客。用作救护时，可运载41副担架和2名医护人员。用作消防时，座舱内部装有盛灭火溶液的容器。灭火液通过喷雾器喷出或从机身腹部放出。

基本参数	
制造商	米里设计局
机身长度	33.18米
机身高度	9.86米
旋翼直径	35米
乘员	5人
空重	27240千克
最大起飞重量	42500千克
最大速度	300千米/时
最大航程	620千米
最大升限	4500米

机型特点

20世纪中期，米-6是世界上最大的直升机。米-6"吊钩"A是基本运输型。米-6"吊钩"B是指挥支援型，装有背部绳状天线。米-6直升机机身后部有蛤壳式舱门和液压收放的折叠式踏板，便于装卸导弹和大炮等重型军事设备。在执行起重任务时，可用位于重心处的吊钩在外部吊挂大型货物。

俄罗斯米 –8 "河马" 运输直升机

米 –8 "河马"是由米里设计局研制的中型运输直升机,外销超过 80 个国家。

性能解析

米 –8 采用传统的全金属截面半硬壳短舱加尾梁式结构,机身前部为驾驶舱,驾驶舱可容纳正、副驾驶员和机械师。座舱内装有承载能力为 200 千克的绞车和滑轮组,以装卸货物和车辆。座舱外部装有吊挂系统,可以用来运输大型货物。米 –8 武装型一般在机身两侧加挂火箭弹发射器,机头加装 12.7 毫米口径机枪,并可在挂架上加挂反坦克导弹。

机型特点

米 –8 是一种双发、5 叶单旋翼的大型直升机。1964 年米 –8 军用型及民用型同时开始投产。米 –8 的军用型包括米 –8T,用于运输、要人接送、电子战和侦察;米 –8TV 武装型;米 –8MPS 搜索救援型。米 –8 系列是世界直升机中生产量最大的家族。

基本参数	
制造商	米里设计局
机身长度	18.17 米
机身高度	5.65 米
旋翼直径	21.29 米
乘员	3 人
空重	7260 千克
最大起飞重量	12000 千克
最大速度	260 千米 / 时
最大航程	450 千米
最大升限	4500 米

俄罗斯米–24 "雌鹿" 武装直升机

米–24 "雌鹿" 是由米里设计局研制的苏联第一代专用武装直升机。

性能解析

米–24 机身为全金属半硬壳式结构，驾驶舱为纵列式布局。后座比前座高，驾驶员视野较好。主舱设有 8 个可折叠座椅或 4 个长椅，可容纳 8 名全副武装的士兵。该机的主要武器为 1 挺 12.7 毫米 "加特林" 四管机枪，另有 4 个武器挂载点可挂载 4 枚 AT–2 "蝇拍" 反坦克导弹或 128 枚 57 毫米火箭弹。此外，还可挂载 1500 千克化学或常规炸弹，以及其他武器。米–24 的机身装甲很强，可以抵抗 12.7 毫米子弹攻击。

基本参数	
制造商	米里设计局
机身长度	17.5 米
机身高度	6.5 米
旋翼直径	17.3 米
乘员	3 人
空重	8500 千克
最大起飞重量	12000 千克
最大速度	335 千米/时
最大航程	450 千米
最大升限	4500 米

机型特点

米–24 直升机不仅可以当作有效的反坦克武器，而且还可以作为高速贴地飞行的坦克和用作空战中消灭对方直升机的有效手段。由于米–24 至今仍是俄陆军航空兵、独联体各国和世界许多国家空军的主力，米里设计局便继续以米–28 的技术改良米–24，以达到现代化的标准。甚至一向使用西方武器的以色列，也为了争夺市场而推出米–24 的改进型，从中不难看出米–24 在武装直升机中的重要地位。

俄罗斯米-26"光环"通用直升机

米-26"光环"是由米里设计局研制的一款双发重型运输直升机。

性能解析

  米-26是第一架旋翼叶片达8片的重型直升机，有2台发动机并实施载荷共享。它的质量只比米-6略重一点，却能吊运20吨的货物。米-26货舱空间巨大，如用于人员运输可容纳80名全副武装的士兵或60张担架床及4~5名医护人员。货舱顶部装有导轨并配有2个电动绞车，起吊质量为5吨。米-26具备全天候飞行能力，往往需要远离基地到完全没有地勤和导航保障条件的地区独立作业。

基本参数	
制造商	米里设计局
机身长度	40.03 米
机身高度	8.15 米
旋翼直径	32 米
乘员	5 人
空重	28200 千克
最大起飞重量	56000 千克
最大速度	295 千米/时
最大航程	1920 千米
最大升限	4600 米

机型特点

  米-26直升机是继米-6和米-10之后研发的重型运输直升机，也是当今世界上最重的直升机。米-26直升机具有极其明显的军事用途，米-26往往需要远离基地到完全没有地勤和导航保障条件的地区独立作业，因此，要求直升机必须具备全天候飞行能力。2011年3月俄罗斯已将其米-26重型直升机升级至新型号。

俄罗斯米–28 "浩劫" 武装直升机

米–28 "浩劫" 是由米里设计局研制的单旋翼带尾桨全天候专用武装直升机。

性能解析

米–28 是世界上唯一的全装甲直升机，特别强调飞行人员的存活率。机身为全金属半硬壳式结构，驾驶舱为纵列式布局，四周配有完备的钛合金装甲。前驾驶舱为领航员/射手，后面为驾驶员。座椅可调高低，能吸收撞击能量。旋翼系统采用半刚性铰接式结构，桨叶为 5 片。米–28 的主要武器为 1 门 30 毫米机炮，另有 4 个武器挂载点可挂载 16 枚 AT–6 反坦克导弹，或 40 枚火箭弹（2 个火箭巢）。

基本参数	
制造商	米里设计局
机身长度	17.01 米
机身高度	3.82 米
旋翼直径	17.2 米
乘员	2 人
空重	8100 千克
最大起飞重量	11500 千克
最大速度	325 千米/时
最大航程	1100 千米
最大升限	5800 米

其动力装置为 2 台克里莫夫设计局 TV3–117 发动机，单台功率为 1640 千瓦。

机型特点

由于米–28 和卡–50 都是为竞争新一代俄罗斯战斗直升机的合同而研发的，两者一问世就是死敌。在这一竞争中，卡–50 凭借其独特设计首先占了上风，米里设计局也不甘示弱：它一面攻击卡–50 上仅有的 1 个乘员，使其无法应付艰险的低空战斗；一面大力改进米–28，研制出了米–28N。米–28N 吸收了米–28 直升机的优点，有大推重比和较强的战斗生存力，最突出的是它在夜间和恶劣环境下的战斗力大大提高。

俄罗斯米–35"雌鹿E"武装直升机

米–35"雌鹿E"是由俄罗斯米里设计局研制的一款中型通用直升机。

性能解析

米–35采用5片矩形桨叶旋翼,垂尾式尾斜梁,尾桨为3片桨叶。米–35可执行多种任务,突出特点是有一个可容纳8名人员的货舱,最大起飞重量超出米–8武装型1倍。武器系统包括超音速反坦克导弹、23毫米机炮以及火箭弹、机枪和枪榴弹等。米–35M改装了米–28的旋翼、尾桨和传动系统,全机重量减轻300千克。

机型特点

米–35是苏联的第一种专用武装直升机米–24W直升机的改进型。米–35比米–24的机体寿命更长,飞行性能也在原型机的基础上有所提高。武器系统方面也有所改进,因此米–35的作战性能也更强。飞行员采用红外线夜视仪和全球定位系统,资料会显示在头盔瞄准器上,增强了其夜视能力。

基本参数	
制造商	米里设计局
机身长度	18.8米
机身高度	6.5米
旋翼直径	17.1米
乘员	2人
空重	8200千克
最大起飞重量	11500千克
最大速度	330千米/时
最大航程	500千米
最大升限	4500米

俄罗斯卡－25 "激素" 反潜直升机

卡－25 "激素" 是由苏联卡莫夫设计局研制的一款双发反潜直升机。

性能解析

卡－25 采用 2 副共轴反转 3 片桨叶旋翼，桨叶可自动折叠，采用吊舱加尾梁式机体。不可收放四点式起落架。机轮周围可安装充气浮囊，可提供水上漂浮能力。驾驶舱内有正、副驾驶员座椅。反潜时机舱载 2~3 名系统操作员，载客时容纳 12 个折叠座椅。动力装置 (后期型) 为 2 台 TTA-3BM 涡轴发动机，并排装在舱顶旋翼主轴前方，单台功率为 738 千瓦。

基本参数	
制造商	卡莫夫设计局
机身长度	9.75 米
机身高度	5.37 米
旋翼直径	15.7 米
乘员	4 人
空重	4765 千克
最大起飞重量	7500 千克
最大速度	209 千米 / 时
最大航程	400 千米
最大升限	3350 米

机型特点

卡－25 是由卡－20 直升机发展而来。卡－25 双桨共轴式舰载直升机，主要任务是探测敌方的核潜艇，北大西洋公约组织给予其绰号"激素"。1961 年 7 月，该机的原型机在苏联航空节上进行了首次飞行表演。

俄罗斯卡 –27 "蜗牛" 反潜直升机

卡 –27 "蜗牛" 是由苏联卡莫夫设计局为俄罗斯海军设计的反潜直升机。

性能解析

卡 –27 机身采用传统的半硬壳式结构，机身两侧带有充气浮筒，紧急情况下可在水上降落。为适应在海上使用，机身材料采用抗腐蚀金属。由于共轴双旋翼的先进性能，卡 –27 的升重比高，总体尺寸小，机动性好，易于操纵。此外，卡 –27 的零件要比传统设计的直升机少 1/4，且大多数与俄罗斯陆基直升机相同。卡 –27 装有 1 枚 406 毫米自导鱼雷，1 枚火箭弹，10 枚 PLAB 250–120 炸弹和 2 枚 OMAB 炸弹。该机的动力装置为 2 台 TV3–117V 涡轮轴发动机，单台功率为 1660 千瓦。

基本参数	
制造商	卡莫夫设计局
机身长度	11.3 米
机身高度	5.5 米
旋翼直径	15.8 米
乘员	3 人
空重	6500 千克
最大起飞重量	12000 千克
最大速度	270 千米 / 时
最大航程	980 千米
最大升限	5000 米

机型特点

卡 –27 直升机的主要任务是运输和反潜。 设计工作始于 1970 年，为了取代卡 –25，被要求使用相同的机库，同时要具备与后者相似的外观尺寸。 就像卡莫夫家族大多数军用直升机一样，它使用了一副共轴螺旋桨，并且不配置尾桨。卡 –27 直升机用途广泛，在多个国家都有服役，不过由于新型反潜巡逻机的问世，卡 –27 也将慢慢退出各国的军事序列。

俄罗斯卡-29 "蜗牛B" 通用直升机

卡-29"蜗牛B"是由苏联卡莫夫设计局研制的双发突击运输及电子战直升机。

性能解析

卡-29为共轴双旋翼，旋翼直径较小，非常适合进驻空间较小的舰艇。由于不需要平衡用的尾桨，全机尺寸也大大缩短。共轴双旋翼还可使运动时所引起的振动互相抵消，其振动水平很低，对瞄准和准确射击十分有利，并可延长机体和设备的寿命。该机装有先进和完备的观察通信和火控设备，可在昼夜复杂的气象条件下活动。卡-29还设有强力装甲，能保证其在作战中有足够的生存能力。

基本参数	
制造商	卡莫夫设计局
机身长度	15.9 米
机身高度	5.4 米
旋翼直径	15.5 米
乘员	2 人
空重	5520 千克
最大起飞重量	12600 千克
最大速度	280 千米/时
最大航程	440 千米
最大升限	3700 米

机型特点

为保证应有的生存能力，卡-29在乘员的下方、侧方、后方乃至前方的部位都设置了坚厚的强力装甲。苏联军队在阿富汗作战的实践证明，这是完全有必要的。但这样直升机显然会增大机体重量，减少燃油或载重量，对执行反潜任务和运输任务是不利的。从作战角度来看，卡-29是以攻击地面目标和水面目标为主要任务；同时，也要具备一定的近距空战能力。此外，卡-29也具备运送兵员和作战物资的能力。

俄罗斯卡-50"黑鲨"武装直升机

卡-50"黑鲨"是由苏联卡莫夫设计局研制的单座武装直升机。

性能解析

卡-50是世界上第一架采用单人座舱、同轴反转旋翼、弹射救生座椅的武装直升机。2具同轴反向旋翼装在机身中部，每具3片旋翼。卡-50的主要武器为1门30毫米2A42型航炮，另有4个武器挂载点可挂载16枚AT-9反坦克导弹或80枚80毫米S8型空对地火箭。卡-50是第一架像战斗机一样配备了弹射座椅的直升机，飞行员利用此装置逃生只需要短短2.5秒。动力装置为2台TB3-117涡轮轴发动机，每台功率为1640千瓦。

基本参数	
制造商	卡莫夫设计局
机身长度	13.5米
机身高度	5.4米
旋翼直径	14.5米
乘员	1人
空重	7800千克
最大起飞重量	10800千克
最大速度	350千米/时
最大航程	1160千米
最大升限	5500米

机型特点

卡-50设计成小型轻快灵活之余且其是有强大生存力和攻击力的直升机。其设计目标是在最小、最轻的范围内达到最快速度和敏捷性，它也是唯一一种单人操作的攻击直升机。卡莫夫设计局在苏联阿富汗战争结束后下了一个结论，未来的直升机必须自动做到低空飞行、捕捉目标、武器发射、导航等机械式动作；而不需驾驶员太多介入这些操作，只需将心力花在任务内容的研判；然而这依然是个无解的问题，因为卡-50的许多驾驶员还是觉得在驾驶时的综合工作量不小。

俄罗斯卡–52"短吻鳄"武装直升机

卡–52"短吻鳄"是由卡莫夫设计局在卡–50基础上改进而来的武装直升机。

性能解析

卡–52最显著的特点是采用并列双座布局的驾驶舱，而非传统的串列双座。卡–52有85%的零部件与已经批量生产的卡–50直升机通用。卡–52装有1门不可移动的23毫米机炮，短翼下的4个武器挂架可挂载12枚超音速反坦克导弹，也可安装4个火箭发射巢。为消灭远距离目标，卡–52还可挂X–25MJI空对地导弹或P–73空对空导弹等。该机的动力装置为2台TB3–117 BMA涡轴发动机，单台功率为1618千瓦。

基本参数	
制造商	卡莫夫设计局
机身长度	15.96 米
机身高度	4.93 米
旋翼直径	14.43 米
乘员	2 人
空重	8300 千克
最大起飞重量	10400 千克
最大速度	310 千米/时
最大航程	1100 千米
最大升限	5500 米

机型特点

卡–52武装直升机的主要任务是对战场实施空中侦察，使突击直升机群能更隐蔽地采取突袭行动，可大大降低突袭风险。该机可攻击和消灭敌方坦克、装甲车辆及地面机械化部队，也可同敌人的低速空中目标作战。卡–52被称为"智能"型直升机，它具有最新的自动目标指示仪和独特的高度程序，能为战斗直升机群进行目标分配，以充分发挥卡–50战斗直升机的作用和协调其机群的战斗行动。该机可用于飞行员训练。由于2名乘员座位并排且有自己的操纵装置，所以用于飞行训练和战斗训练十分方便。该机可执行海航任务。虽然卡–52是专门为陆军航空兵研制的直升机，但在必要时，它也可在舰艇甲板上安全着舰。

俄罗斯卡-60"逆戟鲸"直升机

卡-60"逆戟鲸"是由卡莫夫设计局研制的一款多用途直升机，脱离了卡莫夫设计局传统共轴反转旋翼布局。

性能解析

卡-60采用4片桨叶旋翼和涵道式尾桨布局，可收放式起落架。驾驶舱内有2名驾驶员。座舱可搭载12~14名乘客，要人专机布局时安装5个座椅。该机早期型号的动力装置为2台诺维科夫设计局TVD-1500涡轮轴发动机，单台功率为970千瓦。后期的卡-60R改装2台劳斯莱斯RTM322涡轴发动机，单台功率为1395千瓦。

基本参数	
制造商	卡莫夫设计局
机身长度	15.6 米
机身高度	4.6 米
旋翼直径	13.5 米
乘员	2 人
正常起飞重量	6000 千克
最大起飞重量	6500 千克
最大速度	300 千米/时
最大航程	615 千米
最大升限	5150 米
爬升率	10.4 米/秒

机型特点

卡-60直升机可以执行攻击、巡逻、搜索、救援行动、医疗后送、训练、伞兵空投和空中侦察等多种任务，卡-60具有完美的空气动力外形，每侧机身都有大号舱门，尾桨有11片桨叶。座舱内的座椅具有吸收撞击能量的能力。

欧洲"虎"式武装直升机

"虎"式直升机是由欧洲直升机公司研制的一款武装直升机。

性能解析

　　"虎"式机身较短、大梁短粗。座舱为纵列双座，驾驶员在前座，炮手在后座。机体广泛采用复合材料，隐身性能较佳。该机采用全复合材料轴承的 4 桨叶无铰旋翼系统，尾桨为 3 叶。"虎"式装有 1 门 30 毫米机炮，另可搭载 8 枚"霍特 2"或新型 PARS-LR 反坦克导弹、4 枚"毒刺"或"西北风"红外线的空对空导弹。此外，还有 2 具 22 发火箭吊舱。动力装置为 2 台劳斯莱斯 MTU MTR390 涡轴发动机，每台功率为 873 千瓦。

基本参数	
制造商	欧洲直升机公司
机身长度	14.08 米
机身高度	3.83 米
旋翼直径	13 米
乘员	2 人
空重	3060 千克
最大起飞重量	6000 千克
最大速度	315 千米 / 时
最大航程	800 千米
最大升限	4000 米

机型特点

　　欧洲"虎"式是一种四旋翼、双发多任务武装直升机，是世界上第一种将制空作战纳入设计思想并付诸实施的武装直升机。"虎"式武装直升机的空中机动性能、续航力、机炮射击精确度均优于 AH-64 武装直升机等美制武装直升机，适合进行直升机空战，整体武器筹载虽然不如美制武装直升机，也仍足以胜任一般的反坦克、猎杀软性目标或密接支援等任务；而在后勤维持成本上，"虎"式相比于 AH-64、AH-1 系列则拥有较大的优势。

欧洲 NH90 通用直升机

NH90 是由法国、德国、意大利和荷兰共同研制的中型通用直升机。

性能解析

　　NH90 的机身由全复合材料制成，隐身性好，抗冲击能力较强。4 片桨叶旋翼和无铰尾桨也由复合材料制成，可抵御 23 毫米口径炮弹攻击。机体有足够的空间装载各种海军设备，或安排 20 名全副武装士兵的座椅。通过尾舱门跳板还可运载 2 吨级战术运输车辆。该机的动力装置为 2 台 RTM322-01/ 9 涡轮轴发动机，单台功率为 1600 千瓦。NH90 还可携带反舰导弹执行反舰任务，或为其他平台发射的反舰导弹实施导引或中继。

基本参数	
制造商	北约直升机工业
机身长度	19.56 米
机身高度	5.44 米
旋翼直径	16 米
乘员	3 人
空重	5400 千克
最大起飞重量	10000 千克
最大速度	310 千米 / 时
最大航程	1204 千米
最大升限	6000 米

机型特点

　　目前，NH90 预计研发两种型号：FH90 护卫舰舰载型，用来执行反潜、攻击海面舰艇、搜索和救生等任务；TTH90 陆基战术运输型，战术运输型直升机 TTH90 主要用于人员与物资的战术性运输。它可运载 14~20 人以及 2.5 吨的物资。后舱可搭载一辆轻型运输车辆。此外，战术运输型直升机还可执行医疗救护、电子战、飞行训练、要员运输等任务，并能作为空中指挥所使用。

欧洲 EH 101 "灰背隼" 通用直升机

EH 101 "灰背隼" 是由英国、意大利联合研制的一款通用直升机。

性能解析

　　"灰背隼" 的机身结构由传统和复合材料构成，设计上尽可能采用多重结构式设计，主要部件在受损后仍能起作用。该机具有全天候作战能力，可用于运输、反潜、护航、搜索救援、空中预警和电子对抗等。各型 "灰背隼" 的机身结构、发动机、基本系统和航空电子系统基本相同，主要的不同在于执行不同任务时所需的特殊设备。执行运输任务时，"灰背隼" 可装载 2 名飞行员和 35 名全副武装的士兵，或者 16 副担架加 1 支医疗队。

基本参数	
制造商	韦斯特兰、阿古斯塔
机身长度	22.81 米
机身高度	6.65 米
旋翼直径	18.59 米
乘员	3~4 人
空重	10500 千克
最大起飞重量	14600 千克
最大速度	309 千米 / 时
最大航程	833 千米
最大升限	4575 米

机型特点

　　EH 101 "灰背隼" 是在基本型基础上发展出的海军型。该机可全自主进行全天候飞行，能在陆基、大小舰船和油井平台上起降。现役的 EH101 "灰背隼" 主要装备在驻伊拉克南部巴士拉空军基地的英国海军第 845 和第 846 中队、英国空军第 28 中队和一支英陆军航空兵部队。

欧洲 AS 555 "小狐" 轻型直升机

AS 555 "小狐" 是由欧洲直升机公司研发的一款舰载轻型直升机。

性能解析

  "小狐" 机身使用轻型合成金属材料，采用了热力塑型技术。主旋翼中央叶毂相同径向 3 叶片对称配置螺旋桨也采用了合成材料，以便减轻机体重量，同时增加防护力。该机可以装备多种武器系统，以满足多种地域和地形对军事活动的需求，如法国军队中服役的 AS 555AN 系列配有 20 毫米 M621 机炮、轻型自动寻的鱼雷和 "西北风" 导弹，还能配备 "派龙" 挂架安装火箭。该机的动力装置为 2 台法国产 1A 涡轮轴发动机，持续输出功率达 302 千瓦。

基本参数	
制造商	欧洲直升机公司
机身长度	12.94 米
机身高度	3.34 米
旋翼直径	10.69 米
乘员	2 人
空重	1220 千克
最大起飞重量	2250 千克
最大速度	246 千米 / 时
最大航程	648 千米
最大升限	5280 米

机型特点

  "小狐" 舰载轻型直升机在南美洲享有良好的口碑，目前在巴西、哥伦比亚和阿根廷三国海军中均可以见到它的身影。2001 年 10 月，马来西亚空军曾订购了 6 架 AS 555SN 系列直升机，2003 年该机交付并投入现役，主要用于训练、侦察和捕捉超视距目标。

英法 SA 341/342 "小羚羊" 武装直升机

SA 341/ 342 "小羚羊"是由原法国宇航公司和英国韦斯特兰公司共同研制的一款轻型武装直升机。

性能解析

"小羚羊"机体大量使用了夹心板结构，座舱框架为轻合金焊接结构，安装在普通半硬壳底部机构上。采用 3 片半铰接式旋翼，可人工折叠。采用法国直升机常见的涵道式尾桨，带有桨叶刹车。采用钢管滑橇式起落架，可加装机轮、浮筒和雪橇等。"小羚羊"采用并列双座驾驶机制，座舱共有 2 排 5 个座位。"小羚羊"的主要武器包括 1 门 20 毫米机炮或 2 挺 7.62 毫米机枪，可带 4 枚 "霍特"反坦克导弹或 2 个 70 毫米或 68 毫米火箭吊舱。

基本参数	
制造商	法国宇航公司、英国韦斯特兰公司
机身长度	11.97 米
机身高度	3.19 米
旋翼直径	10.5 米
乘员	2 人
空重	991 千克
最大起飞重量	1900 千克
最大速度	260 千米 / 时
最大航程	710 千米
最大升限	4100 米

"小羚羊"的动力装置为 1 台"阿斯泰阻"XIVM 涡轮轴发动机，功率为 640 千瓦。

机型特点

SA 341/ 342 "小羚羊"是一款轻型多用途直升机，由于体积小、重量轻、速度快等特点，1971 年该机曾创下直线航段飞行、闭合航线飞行等多项世界直升机飞行速度纪录。"小羚羊"还可以担负反坦克、侦察、运输、救护、护航等任务。

英法"山猫"通用直升机

"山猫"是由英国、法国合作研制的通用直升机，有陆军型和海军型。

性能解析

　　"山猫"的座舱为并列双座结构，采用 4 片桨叶半刚性旋翼和 4 片桨叶尾桨，旋翼桨叶可人工折叠，海军型的尾斜梁也可人工折叠。座舱可容纳 1 名驾驶员和 10 名武装士兵。舱内可载货物 907 千克，外挂能力为 1360 千克。"山猫"执行武装护航、反坦克和空对地攻击任务时，可以携带 20 毫米机炮，7.62 毫米机枪、68 毫米、70 毫米或 80 毫米火箭弹和各种反坦克导弹。海军型可携带鱼雷、深水炸弹或空对舰导弹。

基本参数	
制造商	韦斯特兰公司
机身长度	15.16 米
机身高度	3.66 米
旋翼直径	12.8 米
乘员	2 人
空重	2787 千克
最大起飞重量	4535 千克
最大速度	289 千米 / 时
最大航程	630 千米
最大升限	3230 米

机型特点

　　"山猫"直升机主要用来执行反潜、反舰和救援等海上任务。为了达到这一要求，英国皇家海军对其提出了较高的性能要求：飞行速度在 280 千米 / 时以上，在高温条件下机动性好，高空单发性能好；机体高度低、小型、紧凑以及坚固、可靠性好、维护简便等。1974 年年初，"山猫"开始批量生产，其后又经过不断改进。1986 年 8 月"山猫"验证机"G- 山猫"曾创下了世界直升机速度纪录，平均速度为 400.87 千米 / 时。"山猫"舰载直升机根据不同国家需求，还有不同的型号及不同的性能。

英法"超级山猫"通用直升机

"超级山猫"双发通用直升机是"山猫"的后续发展机型。

性能解析

最新的"超级大山猫"300型装有"宝石"42型发动机，座舱内装备有6个电子飞行仪表系统显示屏以及新型导航系统和姿态航向基准系统，同时改进了通信设备。该直升机可容纳11名人员（包括2名机组成员），外部载重可达1.36吨。它装备有一套红外监视系统，用于对目标进行识别。此外，该型直升机还可装备4枚"海上大鸥"或2枚"企鹅"反舰导弹。

基本参数	
制造商	韦斯特兰公司
机身长度	15.24 米
机身高度	3.67 米
旋翼直径	12.8 米
乘员	2 人
空重	3291 千克
最大起飞重量	5125 千克
最大速度	289 千米 / 时
最大航程	630 千米
最大升限	3230 米

机型特点

1999年试飞成功的"超级山猫"300型是该型直升机中技术级别最高的一种。"超级大山猫"300型可执行反舰、反潜、搜索和救援行动以及海上侦察任务，还可以让其与小型舰艇搭配实施作战行动。"超级山猫"具备全天候作战能力。它以其优良性能和不太高的价格打开了国际市场，成为世界海上直升机市场上销售量最大的直升机，先后有6个国家总共购买了420架"超级山猫"直升机。

英国 AW 159 "野猫" 武装直升机

AW 159 "野猫" 是由韦斯特兰公司在"山猫"基础上研制的新型武装直升机。

性能解析

"野猫"大多数零部件是新设计的,仅有 5% 的零部件可与"山猫"通用。在外形方面,"野猫"的尾桨经过重新设计,耐用性更强,隐身性能也更好。"野猫"采用 2 台 LHTEC CTS800 涡轮轴发动机,单台功率为 1 016 千瓦。该直升机的主要武器为 FN MAG 机枪(陆军版)、CRV7 制导火箭弹和泰利斯公司的轻型多用途导弹。海军版装有勃朗宁 M2 机枪,还可搭载深水炸弹和鱼雷。

基本参数	
制造商	韦斯特兰公司
机身长度	15.24 米
机身高度	3.73 米
旋翼直径	12.8 米
乘员	2 人
最大起飞重量	6000 千克
最大速度	291 千米 / 时
最大航程	777 千米

机型特点

2013 年 1 月 15 日,韩国决定从英国购买 AW159 "野猫"多用途直升机执行反潜作战等海军任务。韩国国防采办项目局发言人表示通过对 AW159 "野猫"和 MH–60R "海鹰"多用途直升机在采购价格、作战适用性、合同等多个方面和条款的权衡与打分,尽管 MH–60R "海鹰"多用途直升机的性能比较优越,但 AW159 "野猫"直升机最终评估分数较高,于是决定购买由英国阿古斯特韦斯特兰公司生产的 AW159 "野猫"多用途直升机。

英国 WAH-64 "阿帕奇" 武装直升机

WAH-64 是由英国特许生产的 AH-64D "长弓阿帕奇" 武装直升机。

性能解析

WAH-64 和 AH-64D 的区别主要包括劳斯莱斯发动机，一个新的电子防御套件和折叠机叶，并允许英国式操作。与美国和荷兰不同，英国为其装备的 WAH-64 直升机选装了 RTM322 Mk250 型发动机，该型发动机可以与 EH 101 "灰背隼" 直升机通用，其功率达到 1662 千瓦，比同属 "阿帕奇" 系列的其他直升机所装备的 GE T701C 发动机功率要高19%(GET701C 发动机功率为 1390 千瓦)。

基本参数	
制造商	韦斯特兰公司
机身长度	17.73 米
机身高度	3.87 米
旋翼直径	14.63 米
乘员	2 人
空重	5165 千克
最大起飞重量	10433 千克
最大速度	293 千米 / 时
最大航程	1900 千米
最大升限	6400 米

机型特点

AH-64D "长弓阿帕奇" 是搭载了先进的感测与武器系统的改良型。只要一架 AH-64D 露出雷达观测目标，就可以与多架 AH-64D 协同进行攻击，大幅增加了攻击的效率与安全性。AH-64D 的引擎为 T700-GE-701C 型，同时前机身与座舱也经改良以容纳新型的武器系统，在生存性、通信能力与导航能力上也有所改良。

法国 SA 316/319 "云雀" Ⅲ 通用直升机

SA 316/ 319 "云雀" Ⅲ是由法国宇航公司研制的轻型通用直升机，已被世界上 70 多个国家和地区采用。

性能解析

"云雀" Ⅲ直升机的军用型可以安装 7.62 毫米机枪或者 20 毫米机炮，还能外挂 4 枚 AS11 或者 2 枚 AS12 有线制导导弹，可以攻击反坦克和攻击小型舰艇。"云雀" Ⅲ的反潜型安装了鱼雷和磁场异常探测仪，还有的安装了能起吊 175 千克的救生绞车。

机型特点

SA 316/ 319 "云雀" Ⅲ直升机是法国宇航公司在 "云雀" Ⅱ直升机的基础上研制的轻型多用途直升机。该机具有更大的机舱、更大的功率、改进的装备和更高的性能。截至 1985 年 5 月 1 日，法国共生产了 1455 架 "云雀" Ⅲ，交付给了世界上 74 个国家和地区。

基本参数	
制造商	宇航公司
机身长度	12.84 米
机身高度	3 米
旋翼直径	11.02 米
乘员	1 人
空重	1134 千克
最大起飞重量	2200 千克
最大速度	220 千米 / 时
最大航程	605 千米
最大升限	4000 米

法国 SA 321 "超黄蜂" 通用直升机

SA 321 "超黄蜂" 是由法国宇航公司研制的一款通用直升机。

性能解析

　　"超黄蜂"采用普通全金属半硬壳式机身，船形机腹由水密隔舱构成。该机有 6 片桨叶旋翼，可液压操纵自动折叠。尾桨有 5 片金属桨叶，与旋翼桨叶结构相似。"超黄蜂"驾驶舱内有正、副驾驶员座椅，具有复式操纵机构和先进的全天候设备。G 型有 5 名乘员，有反潜探测、攻击、拖曳、扫雷和执行其他任务用的各种设备。H 型可运送 27~30 名士兵，内载或外挂 5 000 千克货物，或者携带 15 副担架和 2 名医护人员。

基本参数	
制造商	宇航公司
机身长度	23.03 米
机身高度	6.66 米
旋翼直径	18.9 米
乘员	2 人
空重	6702 千克
最大起飞重量	13000 千克
最大速度	275 千米/时
最大航程	1020 千米
实用升限	3150 米

机型特点

　　"超黄蜂"直升机能执行多种任务，如运输、撤退伤员、搜索、救援、海岸警戒、反潜、扫雷、布雷等。SA 321F 属于客货型，座舱内的客运设备可迅速拆除，机身两侧各有 1 个大的流线型密封行李舱，必要时可在水上降落。SA 321Ja 是通用和公共运输，主要用于运输人员和货物，用于客运时，可载 27~30 名乘客；用于救护伤员时，可装 3 副担架和 21 个座椅，也可装 15 副担架和 1 个医务人员用的座椅；搜索救援时，机上可装 1 个承载能力为 275 千克的起重绞车。

法国 SA 330 "美洲豹" 通用直升机

SA 330 "美洲豹" 是由法国宇航公司研制的一款双发中型通用直升机。

性能解析

SA 330 采用前三点固定起落架，旋翼为 4 叶，尾桨为 5 叶。该机可视要求搭载导弹、火箭，或在机身侧面与机头分别装备 20 毫米机炮及 7.62 毫米机枪。机身背部并列安装 2 台透博梅卡 "透默" IVC 型涡轮轴发动机，最大功率为 1177 千瓦。机头为驾驶舱，可乘飞行员 1~2 名，主机舱开有侧门，可装载 16 名武装士兵或 8 副担架加 8 名轻伤员，也可运载货物，机外吊挂能力为 3 200 千克。

基本参数	
制造商	宇航公司
机身长度	19.5 米
机身高度	5.14 米
旋翼直径	15 米
乘员	2 人
空重	3615 千克
最大起飞重量	7500 千克
最大速度	271 千米/时
最大航程	572 千米
实用升限	6000 米

机型特点

"美洲豹" 直升机在许多国家使用都是表现良好的运输型直升机。1978 年 9 月 13 日，其发展型（AS332 首飞，别名 "超级美洲豹"）。其特点是载重更大、抗坠性好、战场生存性强、舱内噪声低。该机机头（下部鼻部）加长，轮距加大、采用单轮主起落架、并可 "下跪" 以减少舰上收容空间。尾撑下添加了鳍片，旋翼采用更先进的翼型。

法国 SA 360/361/365 "海豚"通用直升机

"海豚"是由法国宇航公司研制的一款通用直升机。

性能解析

　　"海豚"系列各型号之间差异较大。以SA 365N 型为例，可载 13 名乘客，也可吊挂1600 千克重物。也可安装全套反潜反舰武器，包括全向雷达及鱼雷 2 枚。而 SA 365F 是从SA 365N 发展而来的反舰型和反潜型，在机头下悬挂有圆板状的 Agrion15 雷达，机身两侧挂架下可挂 4 枚 AS.15TT 导弹，也可挂载 2枚 AM39 飞鱼反舰导弹，可攻击 15 千米外的敌舰。反潜型则带有磁探仪、声呐浮标及 1~2枚自导鱼雷。座舱中可容 10 人。

基本参数	
制造商	宇航公司
机身长度	13.2 米
机身高度	3.5 米
旋翼直径	11.5 米
乘员	2 人
空重	1580 千克
最大起飞重量	3000 千克
最大速度	315 千米/时
最大航程	675 千米
最大升限	4600 米

机型特点

　　按其发展顺序，最早出现的是单发的 SA 360C 与 SA 361，别称为"海豚2"。又从"海豚2"发展出 SA365M，别称为"黑豹"。作为海豚的大改型号SA 365M，它大大加强了在作战地域的生存能力，机身复合材料使用比例增加了 15%。SA 365M 还能执行武器侦察、搜救、伤员后撤（4 个担架）或外吊1600 千克物资的运输任务。

法国 AS 532 "美洲狮"通用直升机

AS 532 "美洲狮"是由法国宇航公司研制的一款双发通用直升机。

性能解析

AS 532 的旋翼为 4 片全铰接桨叶,尾桨叶也是 4 片,起落架为液压可收放前三点式。该直升机的机载设备可根据不同的需要灵活调整。AS 532 陆/空型可安装 2 挺 20 毫米或 7.62 毫米机枪,海军型可安装 2 枚 AM39 "飞鱼"反舰导弹或 2 枚轻型鱼雷。该机的动力装置为 2 台透博梅卡 "马基拉"1A1 涡轴发动机,单台最大应急功率为 1400 千瓦,其进气道口装有格栅,可防止冰、雪等异物进入。

基本参数	
制造商	宇航公司
机身长度	18.7 米
机身高度	4.92 米
旋翼直径	15.6 米
乘员	2 人
空重	4330 千克
最大起飞重量	9000 千克
最大速度	278 千米/时
最大航程	870 千米
最大升限	4100 米

机型特点

AS 532 "美洲狮"直升机是一种双发多用途直升机。AS 532 是法国宇航 AS 332 "超级美洲狮"直升机军用型的升级版本。AS 532 是"美洲豹"的后续机种,不论是运输能力(可载 19 名全副武装的士兵),还是续航能力(3 小时),均优于"美洲豹"直升机。

法国 SA 565 "黑豹" 通用直升机

　　SA 565 "黑豹" 是由法国宇航公司在 "海豚" Ⅱ 的基础上发展而来的通用直升机。

▶ 性能解析

　　SA 565 大大加强了生存能力，整个机体设计可经受在最大起飞重量条件下，以 7 米/秒的垂直下降速度碰撞，燃油系统能经受 14 米/秒坠落速度的碰撞。为降低红外辐射信号，机体涂以低红外反射的涂料。为使座舱适应贴地飞行，采用了夜视目镜。该机装有 2 台透博梅卡 TM333-1M 涡轮轴发动机，每台功率为 680 千瓦。机身两侧的外挂架可携带 44 枚 68 毫米火箭，2 个 20 毫米机炮吊舱，或 8 枚 "马特拉" 空对空导弹。反坦克型 SA 565CA 还可搭载 "霍特" 导弹和舱顶瞄准具。

基本参数	
制造商	宇航公司
机身长度	13.7 米
机身高度	4.1 米
旋翼直径	11.9 米
乘员	2 人
空重	2255 千克
最大起飞重量	4250 千克
最大速度	296 千米/时
最大航程	875 千米
悬停高度	2600 米

▶ 机型特点

　　作为欧洲航空强国，法国在直升机研发领域颇有建树，其研发的 AS-565SA 型 "黑豹" 反潜直升机就能适合各种作战需要。"黑豹" 直升机装备的 MK-46 型鱼雷、"白头" 鱼雷可用于反潜作战，而 20 毫米机炮吊舱、AS-15TT 反舰导弹又使其具备了对地支援和威慑大型军舰的实力。

德国 BO 105 武装直升机

BO 105 是由德国伯尔科夫公司研制的双发多用途武装直升机，曾被全球40多个国家和地区采用。

性能解析

BO 105 的机身为普通半硬壳式结构，座舱前排为正、副驾驶员座椅。后排长椅可坐3~4 人，长椅拆除后可装 2 副担架或货物。座椅后和发动机下方的整个后机身都可用于装载货物和行李。该机使用普通的滑橇式起落架，舰载使用时可以改装成轮式起落架。BO 105 可携带"霍特"或"陶"式反坦克导弹，还可选用 7.62 毫米机枪、20 毫米 RH202 机炮以及无控火箭弹等。空战时，还可使用 R550"魔术"空对空导弹。

基本参数	
制造商	伯尔科夫公司
机身长度	11.86 米
机身高度	3 米
旋翼直径	9.84 米
乘员	2 人
空重	1276 千克
最大起飞重量	2500 千克
最大速度	270 千米 / 时
最大航程	575 千米
最大升限	5180 米

机型特点

BO 105 也可在海上使用，可在很小的舰船上起落。在波涛汹涌的北海上，在一艘排水量只有 170 吨的小巡逻艇上，BO 105 曾顺利地完成了安全起飞和降落试验。2005 年，德国政府决定向阿尔巴尼亚无偿提供 12 架 BO 105 军用直升机，以便提高阿尔巴尼亚军队的现代化水平，并使其接近"北约标准"。

意大利 A129 "猫鼬" 武装直升机

A129 "猫鼬" 是由意大利阿古斯塔公司研制的一款武装直升机。

性能解析

A129 采用常规半硬壳式结构机身，纵列串列式座舱。该机有着完善的全昼夜作战能力，装有 2 台计算机控制的综合多功能火控系统，以及霍尼韦尔公司的前视红外探测系统。A129 在 4 个外挂点上可携带 1200 千克外挂物，通常携带 8 枚 "陶" 式反坦克导弹、2 挺机枪（机炮）或 81 毫米火箭发射舱。另外，A129 也有携带 "毒刺" 空对空导弹的能力。A129 采用 2 台劳斯莱斯 Gem 2 Mk 1004D 发动机，每台额定功率为 772 千瓦。

基本参数	
制造商	阿古斯塔公司
机身长度	12.28 米
机身高度	3.35 米
旋翼直径	11.90 米
乘员	2 人
空重	2530 千克
最大起飞重量	4600 千克
最大速度	278 千米 / 时
最大航程	1000 千米
最大升限	4725 米

机型特点

意大利阿古斯塔公司研制的 A129 "猫鼬" 武装直升机是第一种经历过实战考验的欧洲的武装直升机。在 2001 年北京航展和 2004 年珠海航展上，阿古斯塔公司特意带来了 "猫鼬" 的模型，引起了国内军事爱好者浓厚的兴趣。

印度 LCH 武装直升机

LCH 是由印度斯坦航空公司研制的一款轻型武装直升机。

性能解析

　　LCH 采用纵列阶梯式布局，机体结构上采用较大比例的复合材料。LCH 的武器包括 20 毫米 M621 型机炮、"九头蛇" 70 毫米机载火箭发射器、"西北风" 空对空导弹、高爆炸弹、反辐射导弹和反坦克导弹等。多种武器装备拓展了 LCH 的作战任务，除传统反坦克和火力压制任务外，LCH 还能攻击敌方的无人机和直升机，并且适于执行掩护特种部队机降。LCH 的动力装置为透博梅卡阿蒂丹 1H 发动机，最大应急功率达到 1000 千瓦。

基本参数	
制造商	斯坦航空公司
机身长度	15.8 米
机身高度	4.7 米
旋翼直径	13.3 米
乘员	2 人
空重	2250 千克
最大起飞重量	5800 千克
最大速度	330 千米 / 时
最大航程	700 千米
最大升限	6500 米

机型特点

　　LCH 具备一定的隐身能力，它装了玻璃驾驶舱、装甲防护，具备抗坠毁能力和夜间使用能力。它能够在复杂气候和天气条件下使用现代化武器执行作战任务，该机装备火箭吊舱、机关炮以及空对空导弹，能够击落无人机和低速运动的飞行器、护送在特种作战中运输兵员的直升机，摧毁敌方防空、在城市环境中飞行，以及炸毁坦克和其他车辆，LCH 非常接近于欧洲的 "虎" 式直升机。

印度"楼陀罗"武装直升机

"楼陀罗"是由印度斯坦航空公司在"北极星"通用直升机基础上发展而来的另一款改进型。

性能解析

"楼陀罗"的机体采用了装甲防护和流行的隐身技术,起落架和机体下部都经过了强化设计。该机主要用于打击坦克装甲目标及地面有生力量,具备压制敌方防空系统、掩护特种作战等能力。"楼陀罗"装有 1 门 20 毫米 M6-21 型自动塔炮,还可挂载 70 毫米火箭弹发射器以及反坦克导弹(最多 8 枚)和"西北风"空对空导弹(最多 4 枚)。在执行反潜和对海攻击任务时,其还可挂载深水炸弹和鱼雷(2 枚)。该机的动力装置为 2 台 883 千瓦的"力量"型发动机。

基本参数	
制造商	斯坦航空公司
机身长度	15.87 米
机身高度	4.98 米
旋翼直径	13.2 米
乘员	2 人
空重	2502 千克
最大起飞重量	5500 千克
最大速度	290 千米 / 时
最大航程	827 千米
最大升限	6096 米

机型特点

"楼陀罗"武装直升机以印度国产的"北极星"多用途直升机为基础研制,具备良好的高空性能。在研制该机的过程中,印度斯坦航空公司曾获得过德国 Messerschmitt-Bolkow-Blohm 集团的帮助。虽然只是一种轻型武装直升机,但"楼陀罗"的火力配置却非常强悍。该机防护性能良好,既可执行反坦克、反潜和打击敌方直升机的任务,也可用于运送物资或疏散伤员。

南非 CSH-2 "石茶隼" 武装直升机

CSH-2 "石茶隼" 是由南非阿特拉斯公司研制的一款武装直升机。

性能解析

　　"石茶隼" 的座舱和武器系统布局与美国"阿帕奇" 直升机很相似：机组为飞行员、射击员 2 人。纵列阶梯式驾驶舱使机身中而细长。后三点跪式起落架使直升机能在斜坡上着陆，增强了耐坠毁能力。2 台涡轮轴发动机安装在机身肩部，可提高抗弹性。采用了两侧短翼来携带外挂的火箭、导弹等武器。前视红外、激光测距等探测设备位于机头下方的转塔内，前机身下安装有外露的机炮。与"阿帕奇" 不同的是，"石茶隼" 的炮塔安装在机头下前方，而

基本参数	
制造商	阿特拉斯公司
机身长度	18.73 米
机身高度	5.19 米
旋翼直径	15.58 米
乘员	2 人
空重	5730 千克
最大载重	7500 千克
最大速度	309 千米 / 时
最大航程	1200 千米
最大升限	6100 米

不是在机身正下方。这个位置使得机炮向上射击的空间不受机头遮挡，射击范围比"阿帕奇" 大得多。

机型特点

　　CSH-2 "石茶隼" 武装直升机的主要任务是在有各种苏制地空导弹的高威胁环境中进行近距空中支援和反坦克、反火炮以及护航。CSH-2 可能存在的问题是其动力部分并非量身定做的，而是源自"美洲虎" 直升机，这可能对其性能有一定限制；尚未装备时髦的毫米波雷达及武器系统；实战能力尚待检验；南非长期被国际社会孤立，武器较少向外界出口，对 CSH-2 打入国际市场有一定影响。但不管怎样，目前南非正极力向外推销 CSH-2 直升机。

伊朗"风暴"武装直升机

"风暴"是由伊朗以美国AH-1J"海眼镜蛇"直升机为基础发展而来的武装直升机。

性能解析

"风暴"武装直升机的A/A49E型炮塔内装有1门20毫米口径"加特林"转膛机炮,另可挂载70毫米火箭发射巢和2具反坦克导弹发射器,使之具备了较为完善的对地压制能力。该直升机的座舱整合了GPS系统,机尾加装了警告雷达,另外还装有多功能屏幕显示器和先进的通信系统。由于螺旋桨应用了新式复合材料,直升机的使用寿命大为增加。

基本参数	
制造商	IAIO
机身长度	14 米
机身高度	4 米
旋翼直径	15 米
乘员	2 人
空重	3000 千克
最大起飞重量	4500 千克
最大速度	280 千米 / 时
最大航程	550 千米
最大升限	3800 米

机型特点

由于在战机和水面舰艇方面落后太多,伊朗一直希望凭借"非对称战术"加以弥补,但用快艇突袭先进战舰有很大难度,而武装直升机在速度和突防能力方面更有优势,在实战中可控制大面积海域。伊朗将"风暴"直升机装备海军可能就是出于这种考虑。

日本 OH-1 "忍者" 武装侦察直升机

OH-1 "忍者" 是由日本川崎重工研发的一款轻型武装侦察直升机。

▌▌▌▶ 性能解析

　　OH-1 使用了大量复合材料，采用日本航空工业的 4 片碳纤维复合材料桨叶 / 桨毂、无轴承 / 弹性容限旋翼和涵道尾桨等最新技术。纵列式座舱内装有其他武装直升机少有的平视显示器。尾桨 8 片桨叶采用非对称布置，降低了噪声，减少振动。OH-1 装有 20 毫米 M197 型 3 管 "加特林" 机炮，短翼下可挂载 4 枚东芝 -91 型空对空导弹，或 2 吨重的其他武器，如 "陶" 式重型反坦克导弹和 70 毫米火箭发射器等。该机的动力装置为 2 台三菱 XTS1-10 涡轮轴发动机，功率为 660 千瓦。

基本参数	
制造商	川崎重工
机身长度	12 米
机身高度	3.8 米
旋翼直径	11.6 米
乘员	2 人
空重	2450 千克
最大起飞重量	4000 千克
最大速度	278 千米 / 时
最大航程	540 千米
最大升限	4880 米

▌▌▌▶ 机型特点

　　川崎重工研制全复合材料无轴承主旋翼系统的历程已经超过 15 年，这是世界直升机设计中极为新颖的一种技术。川崎的该项技术首次被正式应用在了作战飞机上，就是 OH-1 直升机。川崎成功地研制出先进的复合材料成型技术，从而将全复合材料无轴承旋翼实用化。

韩国 KUH-1 "雄鹰" 通用直升机

KUH-1 "雄鹰" 是由韩国航天工业公司以法国 AS332 "超级美洲狮" 为基础研发的一款通用直升机。

性能解析

KUH-1 配备了全球定位系统、惯性导航系统、雷达预警系统等现代化电子设备，可以自动驾驶、在恶劣天气及夜间环境执行作战任务以及有效应对敌人防空武器的威胁。该机驾驶员的综合头盔能够在护目镜上显示各种信息，状态监视装置能够检测并预告直升机的部件故障，装于两侧舱门口旋转枪架上的新式 7.62 毫米 XK13 通用机枪，配有大容量弹箱，确保火力持续水平。KUH-1 续航能力在 2 小时以上，可搭载 2 名驾驶员和 11 名全副武装的士兵。

基本参数	
制造商	航天工业公司
机身长度	19 米
机身高度	4.5 米
旋翼直径	15.8 米
乘员	2 人
空重	4973 千克
最大起飞重量	8709 千克
巡航速度	259 千米 / 时
最大航程	480 千米
最大升限	3000 米

机型特点

从 20 世纪 80 年代开始，韩国立志实现军事装备国产化，然而近年来其国产武器暴露出一系列问题。最近，其航空领域国产化的重要标杆，KUH-1 直升机 "雄鹰" 的国产化工作宣告失败，韩国国家调查院发起调查行动，试图查明这一失败的责任究竟属于何方。目前，承担韩机国产化工作的三星重工正和该机设计方欧洲空客公司互相推卸责任，都声称对方没有完全履行国产化合同。

参考文献

[1] 张玉龙，严晓峰.军用飞机 [M].北京：化学工业出版社，2015.

[2] 汉明文化工作室.德国军用飞机 [M].北京：化学工业出版社，2016.

[3] 铁血图文.世界经典军用飞机 TOP10[M].北京：人民邮电出版社，2015.

世界武器鉴赏系列

世界武器鉴赏系列

现代舰船 鉴赏指南 第3版

现代飞机 鉴赏指南 第3版

现代战机 鉴赏指南 第3版

单兵武器 鉴赏指南 第3版

特种作战装备 鉴赏指南 第3版

世界名枪 鉴赏指南 第3版

坦克与装甲车 鉴赏 第3版

二战尖端武器 鉴赏指南 第2版

世界手枪 鉴赏指南 第2版

早期经典战机 鉴赏指南 第2版

美国海军武器 鉴赏指南 第2版

空战武器 鉴赏指南 第2版

陆战武器 鉴赏指南 第2版

无人装备 鉴赏指南 第2版

特殊武器 鉴赏指南 第2版

海战武器 鉴赏指南 第2版